Dekkaye
Mohammed Melhaoui

Bivalves de la Méditerranée Nord Est du Maroc

Khalid El Bekkaye
Mohammed Melhaoui

Bivalves de la Méditerranée Nord Est du Maroc

Biodiversité des Mollusques Bivalves dans le littoral Méditerranéen au Nord Est du Maroc

Presses Académiques Francophones

Impressum / Mentions légales

Bibliografische Information der Deutschen Nationalbibliothek: Die Deutsche Nationalbibliothek verzeichnet diese Publikation in der Deutschen Nationalbibliografie; detaillierte bibliografische Daten sind im Internet über http://dnb.d-nb.de abrufbar.

Alle in diesem Buch genannten Marken und Produktnamen unterliegen warenzeichen-, marken- oder patentrechtlichem Schutz bzw. sind Warenzeichen oder eingetragene Warenzeichen der jeweiligen Inhaber. Die Wiedergabe von Marken, Produktnamen, Gebrauchsnamen, Handelsnamen, Warenbezeichnungen u.s.w. in diesem Werk berechtigt auch ohne besondere Kennzeichnung nicht zu der Annahme, dass solche Namen im Sinne der Warenzeichen- und Markenschutzgesetzgebung als frei zu betrachten wären und daher von jedermann benutzt werden dürften.

Information bibliographique publiée par la Deutsche Nationalbibliothek: La Deutsche Nationalbibliothek inscrit cette publication à la Deutsche Nationalbibliografie; des données bibliographiques détaillées sont disponibles sur internet à l'adresse http://dnb.d-nb.de.

Toutes marques et noms de produits mentionnés dans ce livre demeurent sous la protection des marques, des marques déposées et des brevets, et sont des marques ou des marques déposées de leurs détenteurs respectifs. L'utilisation des marques, noms de produits, noms communs, noms commerciaux, descriptions de produits, etc, même sans qu'ils soient mentionnés de façon particulière dans ce livre ne signifie en aucune façon que ces noms peuvent être utilisés sans restriction à l'égard de la législation pour la protection des marques et des marques déposées et pourraient donc être utilisés par quiconque.

Coverbild / Photo de couverture: www.ingimage.com

Verlag / Editeur:
Presses Académiques Francophones
ist ein Imprint der / est une marque déposée de
AV Akademikerverlag GmbH & Co. KG
Heinrich-Böcking-Str. 6-8, 66121 Saarbrücken, Deutschland / Allemagne
Email: info@presses-academiques.com

Herstellung: siehe letzte Seite /
Impression: voir la dernière page
ISBN: 978-3-8381-7203-3

Plan

INTRODUCTION

Grâce à sa situation géographique et de son histoire paléontologique, le littoral Marocain est doté d'une grande variété d'écosystèmes et d'espèces végétales et animales, avec une richesse biologique tout a fait remarquable. Outre son intérêt socioéconomique (M.A.T.E.E 1999), la biodiversité du Maroc revêt une importance écologique particulière.

La rareté des travaux et des documents de synthèse spécifique à la faune malacologique de la méditerranée du Maroc, nous a incité à mener des travaux de recherches concernant la connaissance des Bivalves Lamellibranches des zones côtières depuis la frontière Algéro-Marocaine à Saïdia jusqu'à la plage de Sfiha d'Al Hoceima sur un linéaire côtier d'environ 300 Km. (BELGUENANI et al 2006)

En effet les Bivalves sont des Mollusques aquatiques à symétrie bilatérale (CHANTAL 1962) caractérisés par une coquille composée de deux valves calcifiées présentant une grande variété de tailles, de formes, d'ornementations et de couleurs, ces différents critères permettent d'identifier les différentes espèces de Bivalves.

Les différentes récoltes au niveau des plages et des sédiments marins, effectuées sur plus de 4 ans depuis 2008 ont permis d'établir la répartition des espèces des Bivalves sur les quatre secteurs de la zone étudiée et de disposer d'une collection de référence et d'une base de données des Bivalves de la Méditerranée marocaine.

Ce travail est une contribution à la connaissance de la faune malacologique des zones côtières de la Méditerranée marocaine. Il présente la diversité biologique des Mollusques Bivalves depuis l'Oued Kiss à la plage de Saidia jusqu'à la plage Sfiha d'Al Hoceima. Les différentes récoltes au niveau des plages et des sédiments marins, effectuées sur plus de 4 ans depuis 2008 ont permis d'établir la répartition des espèces des Bivalves. Cette zone d'étude représente un intérêt pour les différents taxons des Mollusques Bivalves. Elle nous a permis de découvrir les espèces reliques, menacées et rares. Au niveau de la région littorale orientale, la pêche artisanale s'est développée surtout à travers l'exploitation des Bivalves. Cette pêche aux Mollusques Bivalves, jouit d'un intérêt particulier des populations locales pour lesquelles, elle représente un moyen de subsistance assez importante, notamment pour *Donax trunculus* (Linné, 1758), du fait de son intérêt socio-économique dans la région, où on trouve une abondance particulière de cette population de Bivalves, et sa simplicité de matériel pour la récolte et présente une large distribution avec une répartition uniforme dans le sable fin des plages. Ces espèces représentent une richesse en biodiversité malacologique et occupe une place importante économiquement et biologiquement mais sont fortement exploitées ce qui représente une véritable menace à leur gisement. A cet effet, suite aux pressions exercées par les pêcheurs des coquillages surtout durant la période estivale dans cette région, toute exploitation future devrait être raisonnable et responsable pour préserver cette ressource. Mais, cette préservation ne peut être assurée que par la mise en place d'un plan de gestion et d'aménagement durable.

Enfin, cette étude nous a permis de révéler la présence des espèces menacées, rares ou présentant un intérêt économique ou biologique. Les différents habitats ont fait l'objet d'un diagnostic des menaces pour la faune malacologique et de l'impact de la pression de pêche artisanale sur certains bivalves d'intérêt socioéconomique

1. Législation réglementaire en matière d'environnement marin

Pour ce faire face aux différents dangers qui menacent les océans et les mers, la communauté internationale s'est vite mobilisée pour pouvoir conserver cet environnement marin et les composantes qui le constituent. Cependant, cette mobilisation n'a toujours pas abouti aux résultats escomptés, et c'est grâce aux personnes de la société civile à travers des organisations non gouvernementales ont fini par constituer un véritable jeu de lobbying qui mène une lutte partout dans le monde et ce afin de retenir l'attention et de favoriser une prise de conscience profonde par la sensibilisation continue sur la crise qui menace quotidiennement la planète bleue.

Actuellement, le dispositif de l'arsenal juridique local, régional, et international en matière maritime comporte plusieurs conventions, traités, protocoles et accords. De plus il est varié et tend vers l'exhaustif en couvrant pratiquement tout ce qui gravite autour de ce patrimoine marin, c'est un legs très précieux, dont la responsabilité incombe à tout le monde pour le sauvegarder et le céder aux générations futures dans un état de reproduction à même de lui assurer la pérennité naturelle nécessaire.

La convention sur la diversité biologique (CDB) traite de la biodiversité marine au sein du «mandat de Djakarta» adopté en 1995, ce programme d'action a été complété trois ans plus tard par un programme de travail comprenant cinq volets : La gestion intégrée des zones marines et côtières, l'utilisation durable des ressources biologiques, les aires protégées, la mariculture ainsi que les espèces et génotypes allogènes. (ARMAND 2010)

La qualité de l'eau en mer méditerranée s'étant beaucoup appauvrie dans ce bassin à cause d'une exploitation inconsidérée et non planifié des ressources, de la navigation maritime intensive et du tourisme, de ce fait les pays membres visent avec la Plan Bleu de la Méditerranée (1975) un développement durable de cette mer mythique. Le Plan expose des scénarios futurs possibles selon divers degrés d'intervention des états à différents niveaux : Eau, énergie, transports, espaces urbains, espace rural, et littoral. (P.N.U.E 2006)

4

Le Royaume du Maroc a signé et ratifié une série de conventions relatives à la protection de l'environnement marin, il s'agit d'un effort consenti indéniable dans ce secteur qui témoigne de sa contribution active et dynamique au niveau des instances spécialisées auxquelles il a pris part. L'effort consenti par le Maroc dans ce domaine est indéniable. Toutefois, on ne saurait ignorer que l'approche relative à l'environnement marin, et surtout à sa gestion durable à l'échelle mondiale, exige de notre pays un engagement supplémentaire, et ce afin de lui permettre d'être au diapason des courants qui réglementent d'ores et déjà les différents aspects du milieu marin à travers le monde. (SBAI.L 2001 ; A.P.E.W.T 2010)

- Convention Internationale pour la prévention de la pollution des eaux de la mer par les hydrocarbures (OILPOL), Londres, le 12 mai 1954

- Convention internationale sur la responsabilité civile pour les dommages dus à la pollution par hydrocarbures ; Bruxelles, le 29 novembre 1969

- Convention relative aux zones humides d'importance internationale particulièrement comme de sauvagine Ramsar (Iran), le 2 février 1971

- Convention sur la prévention de la pollution des mers résultant de l'immersion de déchets Londres-Mexico-Moscou-Washington, le 29 décembre 1972

- Convention concernant la protection du patrimoine mondial, culturel et naturel ; Paris, le 23 novembre 1972

- Convention internationale pour la prévention de la pollution par les navires (MARPOL 73/78) Londres, le 2 novembre 1973

- Convention des Nations-Unies sur le droit de la mer Montego Bay (Jamaïque), le 10 décembre 1982

- Convention internationale sur la conservation de la diversité biologique Rio de Janeiro, le 5 juin 1992

- Convention créant l'Union Internationale pour la Conservation de la Nature (UICN) Fontainebleau (Suisse), le 5 octobre 1948

- Accord relatif à la création d'un conseil général des pêches pour la Méditerranée (C G P M) Rome, le 6 décembre 1947

- Charte maghrébine relative à la protection de l'environnement et du développement durable; Nouakchott, le 11 novembre 1992

- Convention pour la protection de la mer Méditerranée contre la pollution Barcelone, le 16 février 1976

- Protocole de Cartagena sur la prévention des risques biotechnologiques relatif à la convention sur la diversité biologique; Montréal, le 29 janvier 2000

- Protocole relatif à la coopération en matière de prévention de la pollution par les navires et de lutte contre la pollution de la mer méditerranée; La Valette (Malte) le 25 janvier 2002
- Réglementations en vigueur pour la pêche au Maroc :
  - Arrêté du ministre de l'agriculture et de la pêche marine n° 2822-09 du 2 hija 1430 (20 novembre 2009) relatif à l'interdiction temporaire (du 1er avril au 30 juin de chaque année) de pêche et de ramassage des coques de l'espèce «Acanthocardia sp» et des vernis de l'espèce « Callista chione» dans la zone maritime située sur le littoral de la méditerranée comprise entre Fnidaq et Jebha. (**Bulletin Officielle N° 5810 du 19 Safar 1431 (4-2-2010)**)
  - Arrêté du ministre de l'agriculture et de la pêche marine n° 2980-09 du 16 hija 1430 (04 décembre 2009) modifiant l'arrêté n° 842-08 du rabii 1429 (21 avril 2008) relatif à l'interdiction temporaire (du 1er avril au 14 novembre inclus de chaque année) de pêche et de ramassage de l'échinoderme de l'espèce «Paracentrotus lividus» (oursin de mer) dans les eaux maritimes marocaines. (**Bulletin Officielle N° 5810 du 19 Safar 1431 (4-2-2010)**)
  - Arrêté du ministre de l'agriculture et de la pêche marine n° 2806-09 du 22 kaada 1430 (10 novembre 2009) relatif à l'interdiction temporaire de pêche des phoques moines (Monachus monachus) et autres mammifères marins, des céphalopodes, des coquillages et crustacés pour une durée de dix années au large des côtes marocaines. (**Bulletin Officielle N° 5796 du 29 Hija 1430 (17-12-2009)**).
  - Arrêté du ministre de l'agriculture et de la pêche marine n° 2814-09 du 23 kaada 1430 (11 novembre 2009) relatif à l'interdiction temporaire (du 17 décembre 2009 au 31 décembre 2010 inclus) de pêche et de ramassage des palourdes (Ruditapes descussatus) dans la baie de Dakhla. (**Bulletin Officielle N° 5796 du 29 Hija 1430 (17-12-2009)**).
  - Arrêté du ministre de la pêche maritime n°385-02 du 12 hija 1422 (25 février 2002) prorogeant la durée de validité de l'arrêté du ministre de la pêche maritime n°259-01 du 11 kaada 1421 (5 février 2001) relatif à l'interdiction temporaire de pêche et de ramassage des coquillages dans la baie de Dakhla (**Bulletin Officiel n°4992 du Jeudi 4 Avril 2002**).
  - Arrêté du ministre de la pêche maritime n°1193-03 du 11 rabii Il 1424 (12 juin 2003) relatif à l'interdiction temporaire de pêche et de ramassage des algues marines sur certaines zones du littoral atlantique (**Bulletin Officiel n°5122 du Jeudi 3 Juillet 2003**).

- o Arrêté du ministre de la pêche maritime n°1194-03 du 11 rabii Il 1424 (12 juin 2003) relatif à l'interdiction temporaire de pêche et de ramassage des palourdes dans la baie de Dakhla **(Bulletin Officiel n°5122 du Jeudi 3 Juillet 2003).**

2. Ecosystème du littoral méditerranéen

La Méditerranée est une mer semi fermée d'une superficie d'approximativement 2,5 millions de km² ; elle mesure de l'est en ouest environ 3800 km, et du nord au sud dans sa plus grande largeur quelque 900 km. Au total, elle compte 45000 km de côtes dont 19000 km de littoral insulaire. Les rives de la Méditerranée unissent 22 pays et territoires de trois continents l'Afrique, l'Asie (Moyen-Orient) et l'Europe. **(RIGONI 2003)**

L'hydrodynamique du bassin de la mer d'Alboran est fondamentale puisqu'elle détermine les mouvements de masses d'eau, et par voie de conséquence la présence, la composition et l'abondance des ressources vivantes pélagiques et benthiques, la circulation générale de la mer d'Alboran est considérée comme un système à deux couches circulant à travers le détroit de Gibraltar **(LLORIS et RUCABADO 1998)** : L'eau méditerranéenne intermédiaire qui s'écoule vers l'Atlantique entre 700 et 1000 m de profondeur est compensée par l'eau superficielle d'origine atlantique, de densité variable qui s'enfonce dans le bassin Méditerranéen.

L'ensemble de la côte est une succession de falaises qui alternent avec des plages de petites dimensions **(ESSAKKAK et HAMMOUTNI 2008)**. Ces espaces représentent une qualité paysagère diversifiée au niveau de leur configuration géographique (plages, falaises, dunes, zones humides, site RAMSAR, site d'intérêt biologique et écologique, réserve Îles chaffarines ...), une importante richesse de ressources naturelles (biologiques et minéralogiques), une force majeure au niveau économique (industriel, agricole, touristique...) et une zone d'attraction démographique à l'échelle nationale.

Deux composantes principales constituent notre patrimoine côtier **(LAOUINA 2006)**:

- Le littoral comporte des richesses naturelles physiques et biologiques, dont certaines sont à conserver d'urgence car irremplaçables, certaines espèces rares, d'autres à gérer, dans un but de durabilité, exemple des plages...
- Le littoral compte des secteurs d'activités humaines et économiques qui recherchent la localisation littorale, comme site préférentiel ou nécessaire : Ports maritimes, Industrie de raffinage et chimie, Centrales thermiques modernes, Pêche maritime, Aquaculture marine, Tourisme balnéaire et ports de plaisance...

3. Menaces multiples de la biodiversité marine :

On assimile souvent la biodiversité d'un écosystème à l'abondance des espèces qui les peuplent, il existe en réalité plusieurs niveaux de biodiversité dans l'ensemble du monde vivant depuis celle des individus d'une même population, ces derniers différant entre eux par la variabilité de leur patrimoine génétique jusqu'aux biomes, communauté d'êtres vivants peuplant des fractions entières de continents. **(RAMADE 2003)**

- **Selon McNeely 'UICN' 1990** : «La diversité biologique englobe l'ensemble des espèces de plantes, d'animaux et de micro-organismes ainsi que les écosystèmes et les processus écologiques dont ils sont un des éléments, c'est un terme général qui désigne le degré de variété naturelle incluant à la fois le nombre et la fréquence des écosystèmes, des espèces et des gènes dans un ensemble donné»

- **Selon Sand Lund et coll. 1993** : « La variété structurale et fonctionnelle des diverses formes de vie qui peuplent la biosphère aux niveaux d'organisation et de complexité croissants : génétique, population, espèce, communauté, écosystèmes. »

Toute une série d'évolutions liées à des bouleversements économiques au cours des dernières décennies ont conduit à d'importantes dégradations de l'environnement en Méditerranée **(HADHRI 2005)**. Ces bouleversements écologiques au niveau de l'espace méditerranéen sont globalement liés à quatre facteurs de nuisance, à savoir:

- La croissance des déséquilibres internes entre plaines et littoraux d'une part, et arrière-pays, d'autre part, avec un risque de paupérisation et de marginalisation accrue des territoires ruraux fragiles notamment au Sud et à l'Est de la Méditerranée.

- Le déséquilibre de plus en plus manifeste entre les ressources en eau disponible en Méditerranée et la croissance des surexploitations et la dégradation de la qualité des eaux. Plus de 70 millions de méditerranéens disposeront à l'avenir de moins de 500m3/an;

- La dégradation des sols avec la perte de millions d'hectares agricoles périurbaines de haute qualité et la poursuite de la désertification des deux côtés de la Méditerranée. Ce phénomène de la sécheresse touche désormais la plupart des pays nord méditerranéens tels que la France, l'Italie, la Grèce etc....

La dégradation de l'environnement littoral avec notamment l'artificialisation" progressive de près de la moitié de l'espace côtier méditerranéen au cours des trente dernières années (23.000 km), avec tout ce que cela provoque en termes de pollutions maritimes, de dégradation des zones humides, de perte de biodiversité, y compris la disparition de nombreux espèces.

La pollution de l'écosystème marin est un problème global dont la gravité et la nature varient d'une région à l'autre, les polluants de l'eau proviennent de sources naturelles tel que les eaux de ruissellement et des activités anthropique d'origine humaine tel que les activités agricoles, industrielles et domestiques, parmi ces polluants on a les eaux d'égouts contenant des germes pathogènes, les produits chimiques inorganiques, les matières organiques, les substances radioactives, les agents vecteurs de maladies, et les matières en suspension. (BERG 2009)

La méditerranée est soumise à de nombreux apports atmosphériques naturels et anthropiques, riches en substances organiques persistantes et de plusieurs composés azotés indispensables à la croissance phytoplanctonique. (FLAMENT 1992)

La présence de coliformes fécaux dans les milieux aquatiques indique que l'eau a été contaminée par des matières fécales de l'homme ou autres animaux. (RODIER 1984) De ce faite la présence de contamination fécale demeure un indicateur d'un risque potentiel pour la santé du consommateur. Les streptocoques fécaux et les coliformes sont retenus comme indicateurs traditionnels de pollution fécale (EL OUADAA 1998). Les coliformes fécaux sont des bactéries en bâtonnet, anaérobie facultatives, Gram négatif non sporulant à cytochrome oxydase négative, qui fermentent le lactose avec production de gaz en présence de sels biliaires à 44° ± 0,2 °C en 24 heures au moins. 90 à 95% des coliformes d'origine fécale rencontrés dans la mer sont des *Escherichia coli* et 5 à 10% sont des klebsiellae. La présence d'*Escherichia coli* dans l'eau et les fruits de mer ne renseigne que sur une contamination fécale récente car cette bactérie a une faible survie dans l'eau de mer, contrairement aux virus qui persistent plusieurs mois dans les eaux côtières et dans les coquillages, lorsque les températures sont basses (POMMEPUY et al, 2004).

Pour éviter la pollution du milieu marin, il convient donc de limiter les apports en contamination à un niveau tel qu'il n'altère pas la qualité et les usages des eaux. Cette préoccupation s'est traduite par l'élaboration et la mise en œuvre des stratégies comme la limite des flux de polluants rejetés grâce à l'établissement de normes uniformes d'émission, et le contrôle de contamination des eaux en fixant des objectifs de qualité (ALBIN, 1992). La composition intra spécifique ou interspécifique peut avoir des effets néfastes pour l'aquaculture marine, en Ostréiculture l'espace disponible sur les collecteurs où vont se fixer les jeunes huîtres peut être envahi par d'autres organismes fixés comme des Balanes, des Annélides tubicoles, ou par le Lamellibranche *Anomia ephippium* (Linné 1758). La prédation sévit aussi en aquaculture, en Ostréiculture les crabes détruisent le naissain, divers poissons dont une raie broient les coquilles, les étoiles de mer sont les prédateurs les plus importants, de même la présence de compétiteur, des agents pathogènes (Parasites, Bactéries, virus) peuvent éliminer une quasi-totalité des peuplements (DAJOZ 2006).

Le béton grignote le littoral et l'urbanisation pollue les côtes, plus de 40% des bords de mer sont déjà rendus artificiels par l'habitat, les équipements, les routes et les ports qui consomment beaucoup d'espaces naturels et détruisent la faune et la flore. Selon une estimation en 2000, le littoral méditerranéen accueille 584 agglomérations, 750 ports de plaisance, 286 ports de commerce, 55 raffineries, 180 centrales thermiques, 112 aéroports, et 238 usines de dessalement. Sur le plan de la méditerranée, les experts du Plan bleu envisagent qu'en 2025, le bassin méditerranéen devra faire vivre 500 millions d'habitants, dont 200 millions vivront directement prés des côtes (MAAROUF 2006).

Le nombre d'unités industrielles installées sur la côte méditerranéenne marocaine a atteint 644, toute catégorie confondu (MENIOUI 2001).

Tableau 1 : Pollution du littoral Méditerranéen Marocain (MENIOUI 2001)

	Tanger	Tétouan	Al Hoceima	Nador
Nombre d'unité industrielle	340	148	32	124
Rejets des déchets	118479 T/ an	88476 T/an	37651 T/an	72657 T/an

En plus, le littoral méditerranéen constitue désormais une étape centrale du trajet qui mène les émigrants clandestins à l'Europe. Cette pression joue un rôle dans l'urbanisation du littoral dans la mesure où les résignés ou refoulés y restent et finissent par s'y installer. Certains parviennent à gagner leur vie et d'autres se retrouvent dans les habitats précaires dont regorgent les bidonvilles.

La croissance et le développement des bivalves dépendent de l'intensité du stockage des matières de réserves qui fluctue saisonnièrement pour des raisons principalement physiologiques. Le phénomène de bioaccumulation en particulier dans la glande digestive est maximal avant la reproduction et minimal après la ponte lorsque les réserves ont été épuisées au cours de la gamétogenèse. La période hivernale est souvent accompagnée d'un apport en éléments nutritifs qui pourraient conduire à une richesse en phytoplancton éventuellement contaminé par les métaux relargués par les sédiments et ceux issus des rejets industriels. Face à ce fléau s'impose la nécessité d'un contrôle régulier de la qualité de ces produits comestibles et d'une prise de mesure d'urgence pouvant aller jusqu'à l'interdiction formelle de la vente et de la consommation de ces produits prélevés dans l'estuaire. La contamination des milieux marins par les métaux lourds constitue l'un des problèmes majeurs en toxicologie environnementale, et ne font pratiquement pas l'objet de réaction de dégradation biologique ou chimique, ils peuvent de ce fait s'accumuler dans les chaînes alimentaires marins (CUMONT 1984).

Bref, les écosystèmes méditerranéens sont menacés. La biodiversité s'est particulièrement appauvrie au cours de ces dernières décennies. Les ressources halieutiques ne

10

cessent de s'appauvrir et certaines espèces de mammifères marins, comme le phoque moine, la tortue de mer et bons nombre d'oiseaux migrateurs et autochtones, risquent de disparaître suite à la destruction de leurs habitats (**HADHRI 2005**).

Autant dire que la Méditerranée de demain ne pourra se construire que dans le cadre d'une stratégie de gestion partenariale des problèmes complexes du bassin et en acceptant de faire face aux défis, et d'assumer pleinement les contradictions et les enjeux décisifs de cette région, à savoir (**HADHRI 2005**) :

- Les défis de la sécurité et de la stabilité politique au niveau de l'espace méditerranéen;
- Les défis de la croissance économique par le co-développement et le partenariat entre le Nord et le Sud;
- Les défis de la stabilisation de la croissance démographique et la gestion des mouvements migratoires;
- La maîtrise des risques écologiques et l'amélioration de l'environnement.

4. Surexploitation des ressources marines :

L'amélioration de l'exploitation des ressources actuellement connues repose évidemment sur le progrès des techniques de la pêche, parmi ceci on a les moyens développés pour le repérage des animaux marins, le perfectionnement des engins, mais nécessite surtout une meilleure évaluation des ressources disponibles, ainsi qu'une rationalisation de son exploitation (**ALBIN 1992**).

Durant les trente dernières années, le nombre de pêcheurs a augmenté plus vite que la population au niveau mondial, selon les estimations, 41 millions de personnes travaillaient en qualité de pêcheurs ou d'aquaculteurs en 2004, la grande majorité dans les pays en développement, principalement en Asie principalement en Chine soit 30% du total mondial, alors qu'en Afrique la croissance a été plus lente jusqu'à 1990, elle s'est accélérée depuis (**F.A.O 2007 ; Banque Mondiale 2008**).

Cependant certaines ressources vivantes peuvent être en régression, ce qui signifie une baisse des bénéfices qui sont tirés de leur exploitation. (**DAKKI 2009**)

5. Biologie des Mollusques Bivalves Marines :

Les Mollusques marins sont littoraux, benthiques ou pélagiques, les faciès marins qu'ils soient rocheux, sableux ou vaseux, sont colonisés par une malaco-faune plus ou moins dense. Les mollusques lamellibranches sont des Métazoaires triploblastiques à symétrie fondamentalement bilatérale.

a. Morphologie

Les bivalves sont des mollusques aquatiques, caractérisé par une coquille considérée comme un squelette externe, sécrétée par le manteau, elle a une origine ectodermique, composée de deux valves calcifiées qui recouvrent les deux côtes droite et gauche du corps, l'élaboration de la coquille est assurée en présence des sels de calcium qui est se présente sous trois formes, calcite, aragonite, et vatérite (MAISSIAT 2001).

Le matériau des coquilles est un composite formé de carbonate de calcium et de protéines, les feuillets de carbonate de calcium, rigides mais cassants, sont séparés par de minces couches de protéines, un matériau beaucoup plus mou et flexible. Le carbonate de calcium confère à la coquille sa rigidité et sa solidité, tandis que les protéines lui fournissent non seulement un peu de souplesse, mais lui permettent de développer des microfissures qui dissipent l'énergie et qui la rendent ainsi beaucoup plus difficile à briser. L'élément de base de cette structure est une minuscule planchette ou poutrelle d'aragonite cristalline revêtue de protéines, ces cristallites, longues de plusieurs micromètres et dont la section faite environ 0,1 sur 0,25 micromètre, sont regroupés en lamelles qui forment des couches d'épaisseur millimétrique. Cette architecture présente une caractéristique, elle inclut des éléments d'échelles de longueur très différentes et à chaque échelle de longueur, chaque élément structural est tourné de 90 degrés par rapport à ses voisins, Cette structure en lamelles croisées représente un sommet dans l'évolution des mollusques (BALLARINI 2008).

Quelle que soit la position de l'animal sur son substrat, la coquille a une valve droite et une valve gauche. Au niveau de la charnière, un ligament dur mais élastique, fixé sur une partie du bord dorsal des valves, tend à écarter les valves l'une de l'autre.

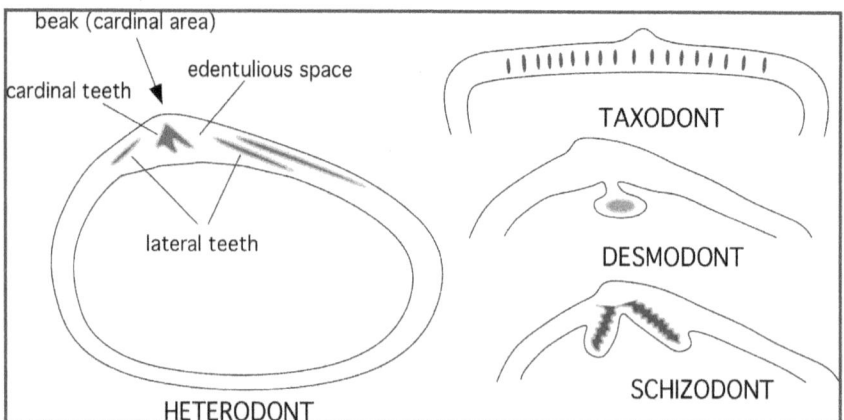

Figure 1 : Dentition des Bivalves

La charnière porte des dents dont la forme, le nombre et l'agencement doivent traduire l'existence de lignées définies. Six types sont ainsi caractérisés. Le type taxodonte comporte des dents nombreuses, toutes semblables, ce qui n'est pas le cas pour le type hétérodonte où trois dents cardinales au maximum se localisent sous les sommets, ou umbos. Dans le type schizodonte, le plateau cardinal est divisé en deux moitiés symétriques. La charnière isodonte, où la fossette ligamentaire sépare de chaque côté une dent et une fossette, est robuste. Les dents sont plus réduites dans les types desmodonte et dysodonte. Les valves grandissent avec le manteau. Elles sont engendrées sous la forme de surfaces spirales logarithmiques. Ces valves sont lisses, luisantes, parfois colorées par des pigments (composés pyrroliques, chromoprotéines, porphyrines, dérivés de la mélanine), ou montrent des stries, des côtes simples ou entrecroisées, des tubercules, des épines, des lobes, des festons. Dans certaines circonstances, telles que la présence de parasites ou de menus grains de sable au niveau du manteau, celui-ci réagit en produisant autour du corps étranger un massif de cellules qui s'organise en "sac perlier". Les deux valves sont normalement également convexes (coquille équivalve), mais peuvent différer l'une de l'autre en taille et en forme (coquille inéquivalve) par altération de la symétrie bilatérale. (CHANTAL 1962) Elles s'articulent dorsalement autour d'un dispositif marginal appelé charnière et d'une structure élastique très imparfaitement calcifiée, le ligament. Sous l'action du ligament, la coquille tend à s'ouvrir le long de ses marges antérieure, postérieure, et surtout ventrale. Elle est fermée par contraction d'un ou deux (parfois trois) muscles adducteurs qui s'insèrent chacun sur la face interne de deux valves où leur empreinte est généralement visible. (SHAFEE 1999)

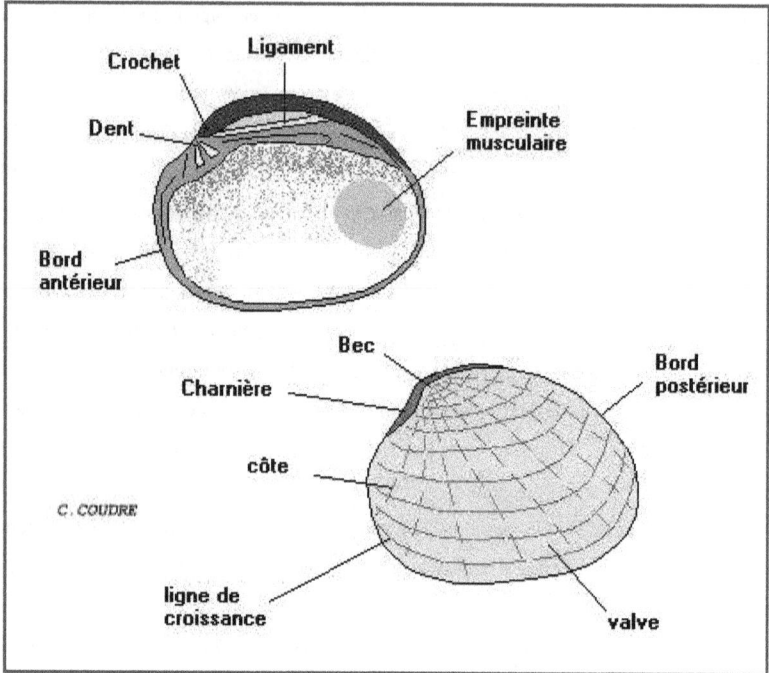

Figure 2 : Caractères descriptifs d'une coquille de Bivalve

b. Anatomie

Le corps des bivalves est mou, non segmenté, comprimé latéralement, sans tête distincte (Acéphales) ni appareil masticateur; il est enveloppé par un manteau, constitué de deux lobes qui sécrètent et supportent chacun une des valves de la coquille. Ces deux lobes (palléaux), fusionnés dorsalement entre eux et avec la masse viscérale délimitent ventralement une vaste cavité palléale interne en communication avec le milieu extérieur, ils sont étroitement attachés aux valves le long d'une ligne palléale proche de la marge ventrale du test. Les bords externes du manteau sont parfois plus ou moins soudés, formant vers l'arrière deux siphons permettant l'entrée de l'eau dans la cavité palléale (siphon inhalant) ou son rejet vers l'extérieur (siphon exhalant). Le pied, organe musculeux ventral mobile, parfois en forme de hache (pélécypodes), permet la locomotion (fouissage) ou la fixation au substrat par des filaments (byssus) qui est élaboré par une glande située dans le pied. Selon la nature chimique du byssus, l'animal sera soit définitivement collé au support par un byssus calcifié, soit temporairement fixé par un byssus de protéine tannée (**MAHEO 1977**).

14

Les coupes histologiques ci-dessous sont faites à partir de la chaire de quelques mollusques bivalves récoltées à Cap de l'eau : (*Donax trunculus* ; *Mytilus galloprovincialis* ; *Chamelea gallina* et *Mactra corallina*).

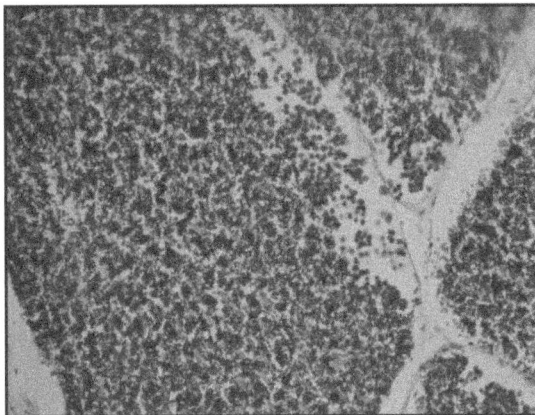

Figure 3 : Coupe histologique d'une gonade mâle en stade de maturité sexuelle
(Observation à l'objectif 40x, agrandissement moyen 400x)

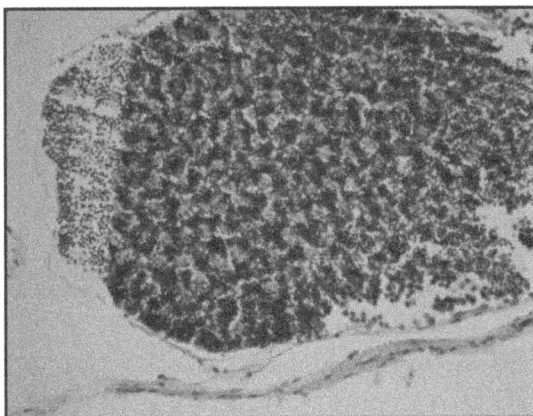

Figure 4 : Coupe histologique d'une gonade femelle en stade de maturité sexuelle
(Observation à l'objectif 40x, agrandissement moyen 400x)

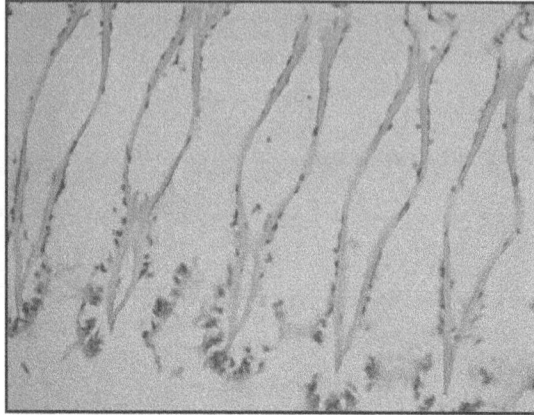

Figure 5 : Coupe histologique des branchies
(Observation à l'objectif 40x, agrandissement moyen 400 fois)

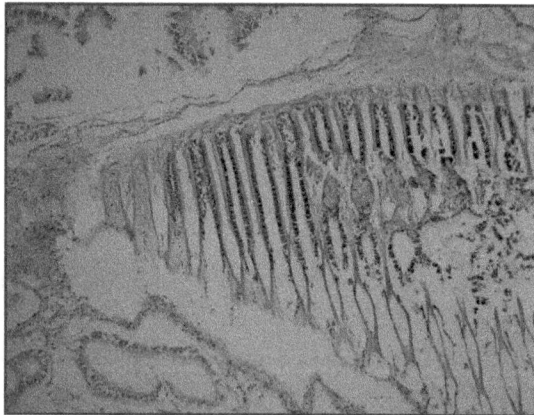

Figure 6 : Coupe histologique des branchies
(Observation à l'objectif 10x, agrandissement faible 100 fois)

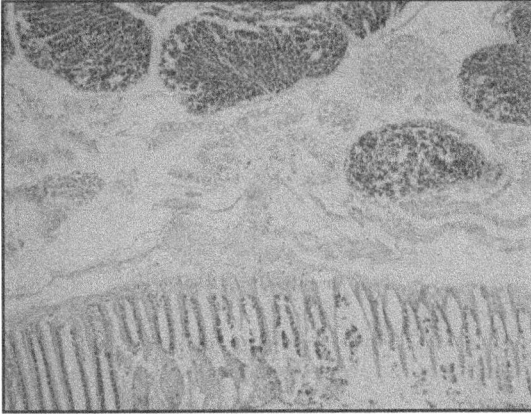

Figure 7 : Coupe histologique des branchies et gonades
(Observation à l'objectif 10x, agrandissement faible 100 fois)

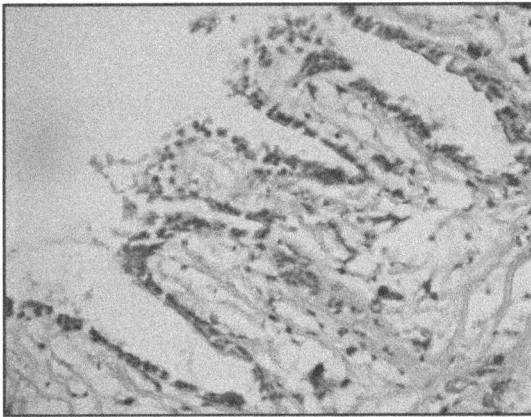

Figure 8 : Coupe histologique des palpes labiaux
(Observation à l'objectif 40x, agrandissement moyen 400 fois)

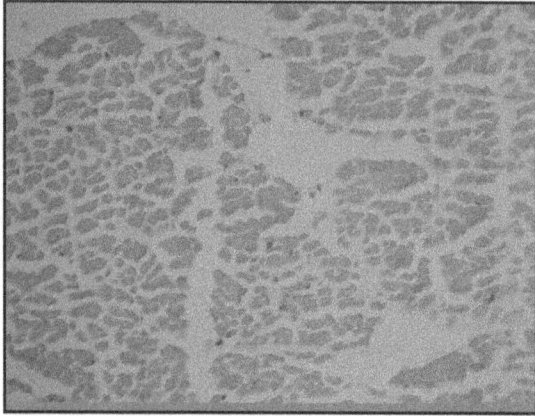

Figure 9 : Coupe histologique d'un muscle (le manteau)
(Observation à l'objectif 40x, agrandissement moyen 400 fois)

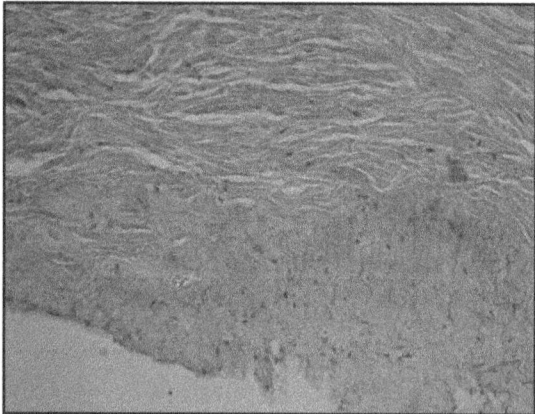

Figure 10 : Coupe histologique d'un muscle (le pied)
(Observation à l'objectif 40x, agrandissement moyen 400 fois)

c. Mode de vie

La plupart des espèces sont microphages, se nourrissent soit de plancton ou de particules organiques en suspension dans l'eau (suspensivores), soit de nourriture collectés sur le fond (dépositivores). Quelques espèces ont développé des régimes alimentaires particuliers (carnivore, xylophage) (SHAFEE 1999). Etant donné leur activité filtreurs, les bivalves nettoient les eaux chargées de dépôts et de déchets. (GRZIMEK 1975)

Dans leurs grande majorité, les bivalves sont des sexes séparées et rejettent leurs gamètes dans le milieu extérieur où a lieu la fécondation; les larves mènent une vie planctonique libre pour quelques jours ou quelques semaines avant la métamorphose conduisant à la vie benthique définitive. Cependant, certaines espèces peuvent montrer différentes formes d'hermaphrodisme, la fécondation peut avoir lieu dans la cavité palléale, parfois avec protection des oeufs ou des larves dans une «poche incubatrice». L'existence planctonique larvaire est quelques fois très réduite ou même totalement absente, les jeunes étant assez évolués à l'éclosion pour mener directement une vie benthique. (SHAFEE 1999)

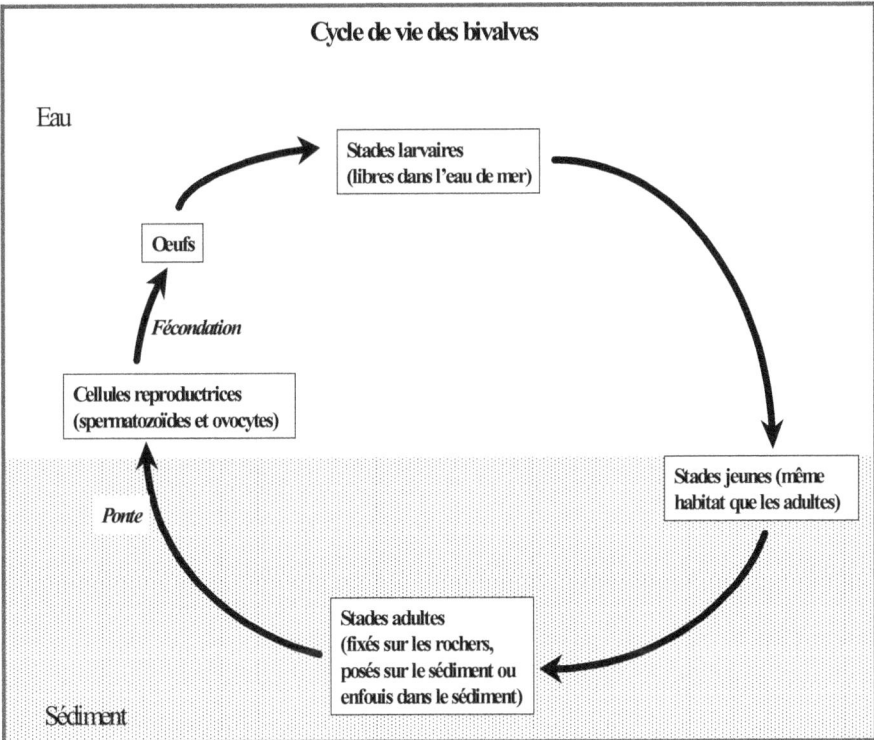

Figure 11 : Cycle biologique des mollusques bivalves

19

Le flux d'eau qui circule en permanence dans la cavité palléale y introduit toutes sortes d'organismes dont certains s'y établissent en commensaux, inquilins, ectoparasites, alors que d'autres, ingérés ou non, deviennent des endoparasites bénins ou redoutables.

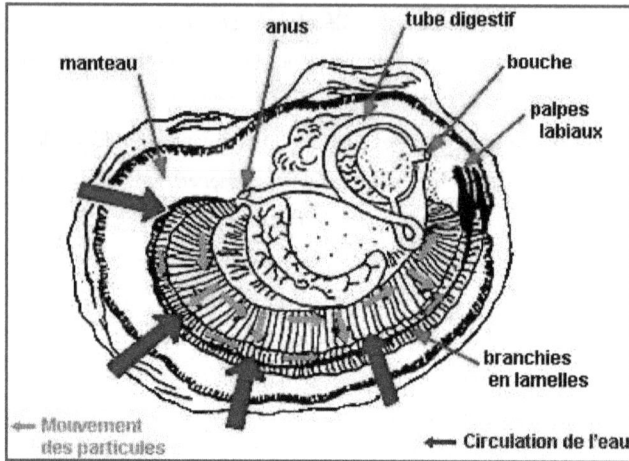

Figure 12 : Circulation de l'eau et des particules chez une Mollusque Bivalve

Les effectifs de Bivalves peuvent varier d'année en année sur certains sites ou rester stables sur d'autres, en plus longues périodes. Différents facteurs sont invoqués pour agir sur le recrutement, la croissance et la mortalité dans les populations naturelles.

Au fond de la mer, des prédateurs spécialisés bénéficièrent de l'abondance des bivalves sédentaires (palourdes, huîtres et moules). Les crabes et les homards les ouvraient de leurs pinces puissantes. Les étoiles de mer forçaient leurs coquilles avec leurs bras, puis inséraient leur estomac à l'intérieur pour avaler l'occupant des lieux. Enfin, les escargots de mer (gastéropodes) apprirent à forer de petits trous dans les coquillages afin d'en sucer le contenu. Rien d'étonnant, donc, si les bivalves ont appris, eux, à s'enfouir ou à s'enfuir.

Le taux de mortalité est dit total lorsqu'il englobe toutes les causes de mortalité naturelle ou anthropique. Plusieurs auteurs se sont intéressés à la prédation qui intervient sur les juvéniles. En particulier **REISE (1985)** montre clairement que la pression de prédation se concentre sur les premiers stades de croissance de la coque et diminue progressivement au cours de la croissance. On peut par exemple citer la prédation par le flet (*Platichthys flesus*) sur le naissain de coques, par le crabe vert (*Carcinus maenas*), la prédation par les limicoles et en particulier par les huîtriers pies intervient sur les individus des coques d'environ 2cm soit sur des individus âgés d'1 an et demi environ où entre 15 et 30mm (**DABOUINEAU, 2009**).

Les températures extrêmes jouent un rôle important dans la mortalité des différentes classes d'âge. La mortalité hivernale touche plus particulièrement les plus petits individus (SAURIAU, 1992). Les populations peuvent être atteintes lorsque la température du sédiment passe au dessous de -7°C, et le naissain résistait mieux que les individus adultes aux températures élevées. L'impact de la pêche à pied de loisir ou des professionnels reste difficile à évaluer mais peut avoir un impact non négligeable sur la dynamique de population. L'impact du parasitisme est rarement évoqué dans les études de dynamique des populations de bivalves, un certain nombre de parasites sont connus chez la coque. On pourra trouver des protozoaires ciliés vivant dans l'eau intervalvaire, des crustacés dans l'intestin et surtout plusieurs espèces de petits vers plats de l'embranchement des Plathelminthes (classe des trématodes) dans différents organes. Ces vers plats ont des cycles biologiques très complexes.

Les effectifs de coques peuvent varier d'année en année sur certains sites ou rester stables sur d'autres, sur de plus longues périodes. Différents facteurs sont invoqués pour agir sur le recrutement, la croissance et la mortalité dans les populations naturelles.

Parmi les déformations coquillières touchant les bivalves, la maladie de l'anneau brun caractérisée par un dépôt de conchylien brunâtre tapissant l'intérieur des valves est la plus décrite notamment chez *Ruditapes descussatus*, *Ruditapes philippinarum*, *Venerupis aurea* et *Tapes rhomboïdes*. Cette maladie a été aussi observée chez d'autres espèces de Veneridae et de Pectinidae. Récemment, des symptômes similaires ont été décrits chez l'ormeau (*Haliotis tuberculata*) (EL BOUR 2008). La contamination des mollusques par les biotoxines paralysantes est soumise à une variation en fonction de trois principaux facteurs : L'espèce, la zone géographique et la période de prélèvement (MOUDNI 2000).

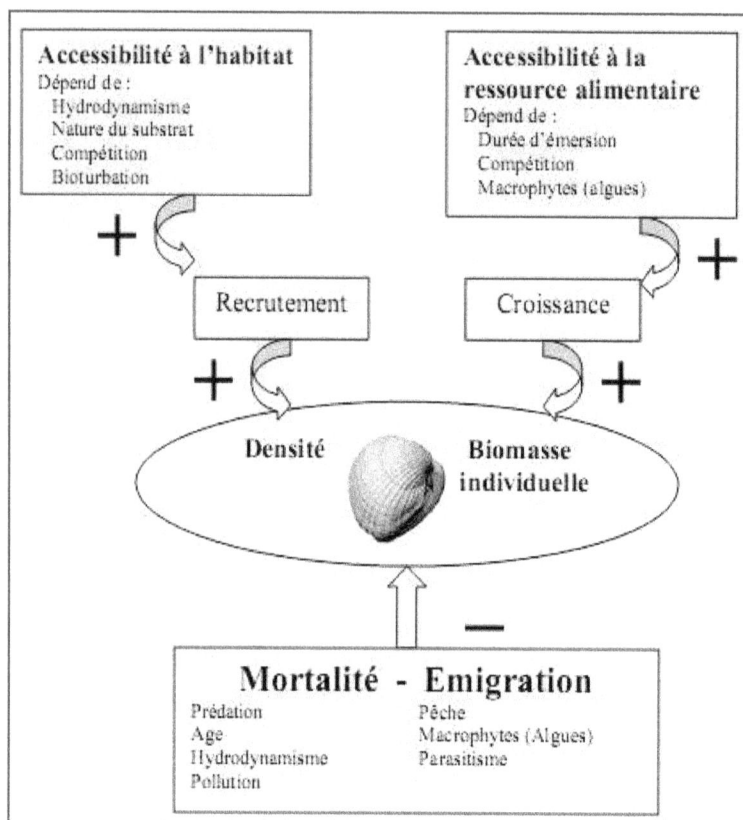

Figure 13 : Facteurs régulant la dynamique des populations des coques (Montaudouin 1995)

Les maladies des coquillages peuvent avoir de graves conséquences économiques, multiples facteurs sont généralement incriminés dans les mortalités. Les agents infectieux associés dans certains cas à divers facteurs comme la surcharge des parcs d'élevage, des changements hydrologiques brusques ou la présence de polluants chimiques produisent des maladies et mortalités à caractère épidémique.

Les mollusques bivalves sont des animaux filtreurs, sensibles aux conditions environnementales, particulièrement aux conditions sanitaires et zoosanitaires qui auront des impacts directs sur leur qualité sanitaire et sur leur état de santé.

Le stade infectieux des parasites est une zoospore biflagellée, qui se développe dans un trophozoïte après avoir pénétré l'hôte. Les trophozoïtes sont également infectieux. Ils se multiplient dans l'hôte par scissiparité successive (MARZOU 2009).

La maladie de l'anneau brun, a été incriminée parmi les causes de mortalité de plusieurs populations de bivalves dans différents pays en Méditerranée. Sa prospection a été réalisée

22

chez différentes espèces de bivalves (*Cerastoderma glaucum*, *Pecten glaber*, *Donax trunculus* et *Lithophaga lithophaga*) prélevées dans différents sites côtiers en Tunisie pendant la période 2005-2006. Les résultats obtenus ont révélé la présence de symptômes similaires à ceux de la maladie décrits pour des espèces de bivalves sur les côtes Nord Méditerranéennes. Les prévalences obtenues sont variables d'une espèce à une autre (comprises entre 10% et 90%). Des analyses bactériologiques ont été menées en vue de détecter l'agent causal éventuel (Vibrio P1 ou *Vibrio tapetis*) par le biais de tests culturaux et biochimiques. Cependant, les travaux d'infestations expérimentales restent à mener en vue de confirmer la virulence de ces pathogènes, de même que leur identification moléculaire approfondie permettra d'approcher leurs rôles respectifs chez les différentes espèces de bivalves prospectées (**EL BOUR 2008**).

Au Maroc, l'intoxication paralysante par les moules est un phénomène peu connu. Trois grandes épidémies ont été enregistrées, en 1971, en 1975 et en 1982 et 1994. A l'origine de l'intoxication paralysante par les moules, on retrouve dans la plupart des cas, la saxitoxine qui est une toxine à tropisme neurologique: produite par des dinoflagellés du genre Gonyaulax tamarins du phytoplancton maritime. L'épidémie du 3 Novembre 1994 s'est produite dans l'axe Mohammadia-Casablanca et n'a causé que 4 décès parmi les 77 intoxiqués. (**RHALEM 1994**) Le Centre Anti Poisons du Maroc a joué un rôle important dans le diagnostic, le déclenchement de l'alerte et la conduite à tenir devant cette intoxication et la prévention par la sensibilisation et la déclaration.

6.   Aspect socioéconomique des Bivalves marines

Certains coquillages ont été utilisés comme instrument de musique, d'autres sont utilisés comme tasses ou bols, des bijoux en parures et collier, parfois en décors. En ouvrant une huître, o peut voir une petite boule dure d'un blanc irisé c'est une perle, lorsqu'un grain de sable reste coincé dans une huître, cette dernière l'entoure de couches successives de nacre et forme une perle. (**CHAMBERS 1999**) Il y'a des millions d'années, des couches de sable et de gravier se sont formées à partir de coquilles écrasées, ces graviers contiennent le calcium, qui est excellent pour l'élevage des poules et l'agriculture, on peut extraire de la craie.

Depuis l'Antiquité, les hommes utilisent des coquillages en guise de monnaie, leur acquisition et leur usage est codifié par l'organisation de la société, ainsi, leur fonction symbolique l'emporte souvent sur leur valeur monétaire, qui tient à leur rareté et à la difficulté de tailler le coquillage pour obtenir l'objet recherché, chaque ethnie possédait sa monnaie, à ceci s'ajoute le travail de l'artisan qui a façonné l'objet. Parfois les coquillages ont été représentés sur des monnaies, par exemple la coquille de Saint-Jacques était gravée sur des pièces en silice il y'a 2400 ans. (**MARQUEZ 2010**)

Les réglementations appliquées dans les zones conchylicoles dans le monde sont établies en fonction de la qualité bactériologique des eaux c'est-à-dire à partir de leur teneur en germes témoins de contamination fécale (coliformes, streptocoques) qui est régulièrement contrôlée. Ainsi on définies les zones dites insalubres, dans lesquelles les coquillages ne peuvent être élevés pour la vente directement à la consommation ; Les risques sanitaires liés à la consommation de Coquillages crus sont plus élevés que ceux de la baignade. En effet, les huîtres, moules et autres Coquillages Bivalves s'alimentent en filtrant des quantités d'eau considérables pouvant représenter de 100 à 650 fois leur poids par heure (**ALZIEU 1991**).

Photo 1 : Quelques espèces de Bivalves destinée à la consommation
(Restaurant de la grande place de Bruxelles 2012)

La circulaire nationale marocaine et la directive européenne 91/492 du 15/07/1991 relative à la production et à la mise sur le marché de mollusques bivalves vivants exigent l'absence de DSP dans les parties comestibles des coquillages destinés à une consommation humaine directe. La circulaire conjointe du M.A.M.V.A et du M.P.M.M.M n° 002/96 du 08/07/1996, relative à la surveillance du milieu et au contrôle de la salubrité des coquillages, stipule que les coquillages destinés à la consommation humaine, à l'état cru, doivent avoir un taux de PSP, dans les parties comestibles, inférieur à 400 US/100g de chair. (**MOUDNI 2000**)

7. Présentation de la zone d'étude

Le Maroc représente un véritable carrefour entre l'Europe et l'Afrique, et entre la Méditerranée et l'Océan Atlantique, cette zone appartient à la mer d'Alboran (**LLORIS et RUCABADO 1998**) avec une température de l'eau de mer qui atteint des maximums de 24 à 25°c en été et des valeurs minimales en hivers de 14 à 15°c (**SHAFEE 1999**) , et d'une salinité de 38,5 g/l, dans cette mer existe un tourbillon faible qui gouverne l'hydrologie de cette partie de la méditerranée.

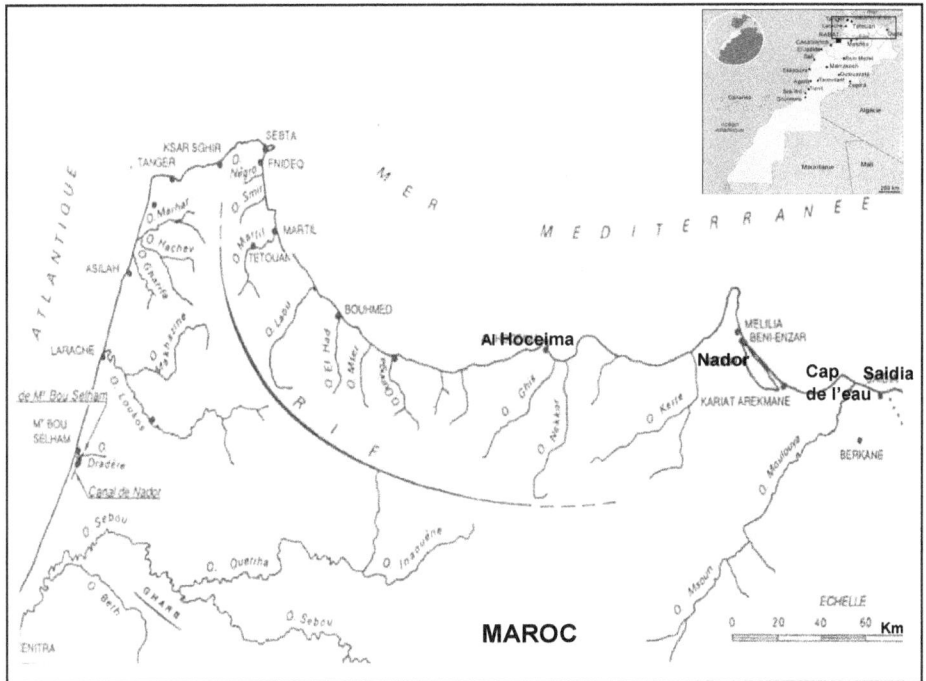

Figure 14 : Carte géographique représentative de la zone d'étude

Le littoral méditerranéen du Maroc environ (512 km) se présente sous la forme de quatre grandes concavités de dimensions variables, et représente une valeur patrimoniale très importante par sa variété naturelle (**LAOUINA 2006**) vues panoramiques et sa diversité biologique en ressources halieutiques et floristiques et donc à intérêt écologique, économique et paysager :

➢ Réseaux hydrauliques très important, des cours d'eau de grand débit qui se terminent en mer par des estuaires tel que Moulouya (**BERRAHOU et al. 2001 et DAKKI 2004**).

➢ Succession de falaises alternées avec des courtes plages telles que les plages de Sfiha.

➢ Grandes concavités, lagune, et SIBE tel que Marchica de Nador et cap des trois fourches. D'où le choix des quatre secteurs d'échantillonnages situés à la zone côtière méditerranée du Maroc Oriental (Fig.1). Cette zone d'étude représente un intérêt pour les différents taxons des Mollusques Bivalves. Elle nous a permis de découvrir les espèces reliques, menacées et rares.

Les Quatre secteurs d'échantillonnage de la zone étudiée sont :

➢ **Secteur I : « Plage de Saidia »** (photo 1) depuis la frontière Algéro-Marocaine à Oued Kiss jusqu'à la nouvelle station touristique à coté de la rive droite de l'estuaire de la Moulouya, c'est une plage sableuse ouverte de plus de 10 Km peu abritée avec un climat méditerranéen semi aride et une moyenne pluviométrique de 250 mm/an et une température moyenne annuelle de 20°C.

Photo 2 : Plage de Saïdia

➢ **Secteur II : « Cap de l'eau »** (Photo 2) depuis la rive gauche de l'embouchure de Oued Moulouya à la plage de Ras Kebdana, c'est une zone sableuse de 4 km abritée par les falaises d'akemkoum el Baz, et le port de Cap de l'eau avec un climat méditerranéen semi aride et une moyenne pluviométrique de 500 mm/an et une température moyenne annuelle de 20°C.

Photo 3 : Vue aérienne de l'Embouchure de la Moulouya

> **Secteur III :** (Photo.3), « **Nador** » Le long de la barrière externe de Lagune du Nador la plus grande lagune du Maroc, appelée « Marchica », elle a une superficie de 115 Km^2 et une profondeur qui ne dépasse pas 8 m avec un fond sablonneux vaseux et s'étend depuis la plage de Kariat Arkman jusqu'à la plage de Boukana à Béni Ensar, c'est une zone peu abritée avec un climat méditerranéen semi aride et une moyenne pluviométrique de 208 mm/an et une température moyenne annuelle de 22°C.

Photo 4 : Image satellite Landsat 2002 de la lagune de Nador

➢ **Secteur IV :** (Photo.4), « **Al Hoceima** » Depuis Souani jusqu'à la plage de Sfiha, c'est une zone sableuse et rocheuse sur plus de 2km, parfois présence des caillots, avec un climat de type méditerranéen et une moyenne pluviométrique annuelle du rif qui varie entre 320 et 790 mm et une température moyenne de 28°C en été et 9°C en hiver.

Photo 5 : Vue panoramique de la côte et port d'Al Hoceima

8. Matériels et méthodes

Les échantillonnages ont été réalisés d'une grande partie à l'aide de râteau racleur dans le sédiment au niveau des ponts de sable marins. Ce râteau se compose d'une armature métallique et d'une barre en métal sous forme de peigne supportant des dents de nombre et de longueur variables, une poche de filet est attachée à l'armature ayant pour rôle d'accumuler et de stocker les captures.

Ces récoltes ont été complétées par :

❖ Récoltes des Bivalves dans des laisses de mer et dans les zones de nettoyage des filets de pêche artisanale.

❖ Récoltes des Bivalves effectuées sur les plages sableuses par pêche à pied.

❖ Récoltes par les râteaux à bord des barques des pêcheurs.

❖ Récoltes des espèces fixées sur les rochers de la côte.

Les déterminations systématiques ont été réalisées à l'aide d'ouvrages spécialisés (CHANTAL PASTEUR-HUMBERT 1962 ; LLORIS et RUCABADO 1998......) elles nous ont permis d'établir un premier inventaire exhaustif de la biodiversité des Bivalves dans ces habitats côtiers et leur richesse spécifique.

Photo 6 : Récolte des Bivalves par râteau racleur

9.   Résultats

Les différents échantillons ont été identifiés par espèces et par familles. L'étude a révélé la présence des espèces reliques, menacées, ou rare. La récolte a été pratiquée pendant les quatre saisons de l'année afin d'obtenir un maximum d'espèces qui échappent à la récolte pendant une période de croissance ou de reproduction, de même cette étude a permis de répertorier les espèces de Bivalves les plus exploitées par pêche artisanale en vue d'une commercialisation sur place. Les résultats enregistrés sur la figure 1 ont montrée que la richesse spécifique varie d'une zone à l'autre qui peut être due à la diversité de l'habitat et la productivité biologique.

On a choisi une échelle ordinale pour le dénombrement qualitative au sein des populations de Bivalves, proposée par FRONTIER et PICHOD-VIALE (1993), constituée d'une série de classes d'abondance, choisies en fonction de leur progression géométrique (NOEL WALTER, 2006).

1 : 1 – 4 individus dans l'échantillon (espèce très rare)

2 : 4 – 18 (rare)

3 : 18 – 80 (assez rare)

4 : 80 – 350 (assez nombreuse)

5 : 350 – 1500 (nombreuse)

6 : 1500 – 6500 (très nombreuse).

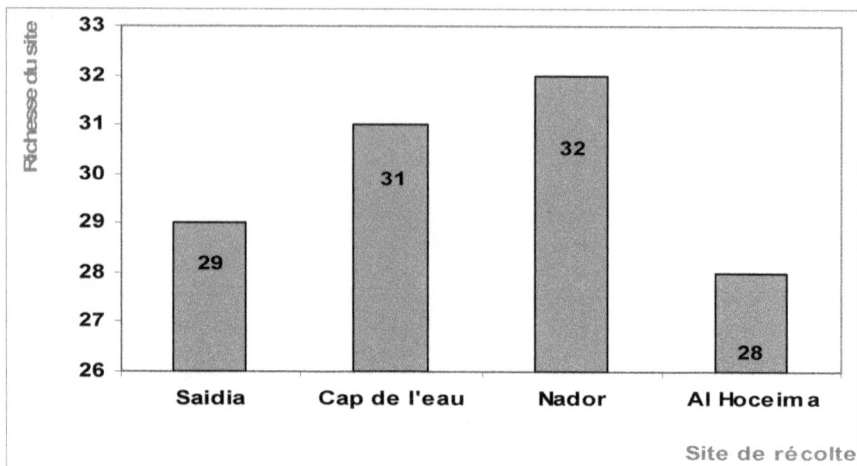

Figure 15 : Richesse spécifique de chaque site d'échantillonnage (2008-2012)

La richesse d'un site varie selon le type d'habitat, la nourriture, et les conditions écologique et climatique, ainsi la station de Nador est riche en mollusques bivalve de même pour Cap de l'eau, du fait que le sédiment est très variable : sableux, caillouteux et rocheux, et par la présence des effluents riches en matière productive.

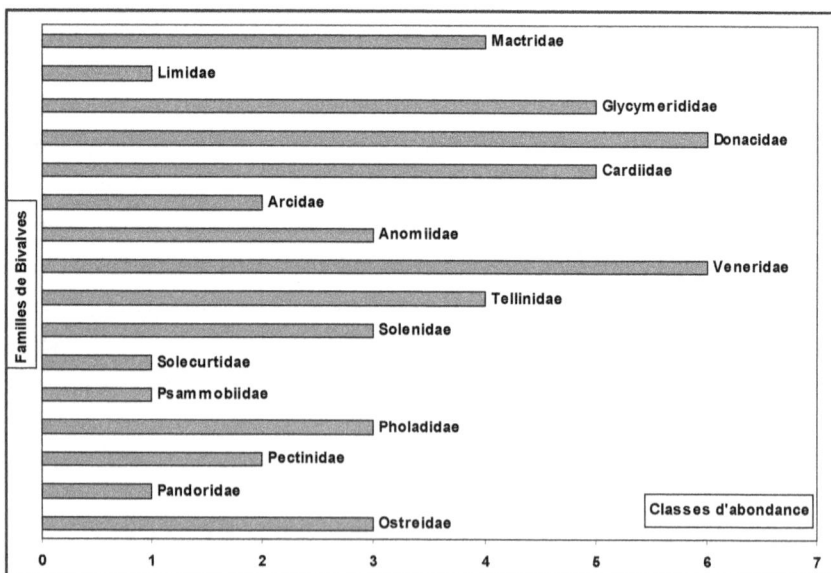

Figure 16 : L'abondance des familles de bivalves présentes à Saidia

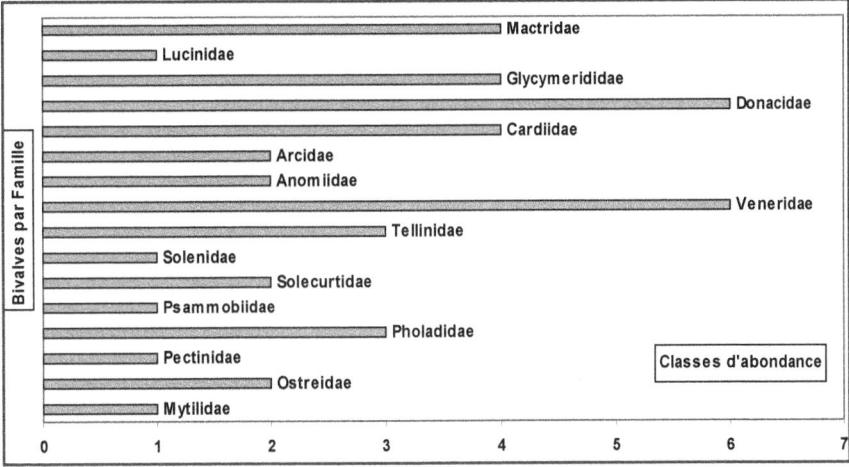

Figure 17 : L'abondance des familles de bivalves présentes à Cap de l'eau

Le site d'échantillonnage à Saidia est dominé par la famille Donacidae, Veneridae, Glycymeridae, et Cardiidae puis la famille, Mactridae, Tellinidae.

Le site d'échantillonnage à Cap de l'eau est dominé par la famille Donacidae, et Veneridae puis la famille Glycymeridae, Cardiidae, Mactridae, Tellinidae, et Pholadidae.

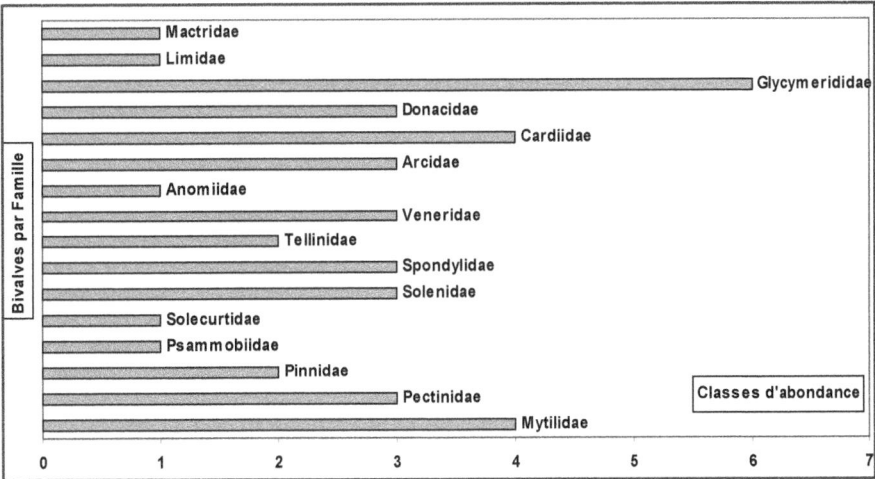

Figure 18 : L'abondance des familles de bivalves présentes à Nador

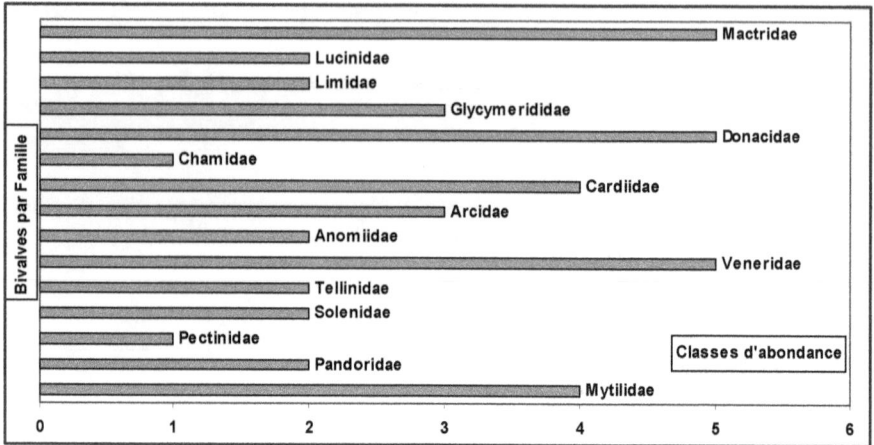

Figure 19 : L'abondance des familles de bivalves présentes à AL Hoceima

Le secteur de Nador présente une dominance nette des espèces de la famille de Glycymerididae puis plusieurs familles viennent en deuxième position.

Le secteur d'Al Hoceima présente une dominance de la famille Mactridae, Donacidae et Veneridae, puis Mytilidae et Cardiidae.

Les tableaux ci-dessous mettent en évidence la présence de 21 familles de Bivalves, dont près de 48 espèces réparties dans la côte méditerranéenne marocaine située depuis Saidia jusqu'à Al Hoceima.

L'échantillonnage a permit de mettre en évidence la présence de 5 familles d'importance économique, se sont Cardiidae, Glycymerididae, Donacidae, Mytilidae et Veneridae.

La richesse et l'abondance des Bivalves utilisés comme indicateurs de biodiversité ont un double but quantitatif et qualitatif de la biodiversité de la région d'étude, par les quelles on a pu déterminer la dominance d'une famille, la disparition ou l'apparition des espèces dans certaines zones, ainsi que les espèces les plus menacées par leur exploitation excessive tel que : les petites praires, le couteau droit, les coques, les vernis, les haricot de mer, les amandes de mer et les dattes de mer.

Tableau 2 : Répartition des différentes familles et espèces par secteur de récolte (2008-2012)

Bivalves par Famille	Bivalves par espèces	Saidia	Cap de l'eau	Nador	Al Hoceima
Anomiidae	*Anomia ephippium* (Linnaeus 1758) (Pleure d'oignon)	3	2	1	2
Arcidae	*Arca barbata* (Linné 1758)	2	2	3	3
	Arca noae (Linnaeus 1758)	2	1	3	2
Cardiidae (Coques)	*Acanthocardia aculeata* (Linnaeus 1758)	3	3	2	1
	Acanthocardia echinata (Linnaeus 1758)	2	1	1	0
	Acanthocardia tuberculata (Linnaeus 1758)	5	4	4	4
	Cerastoderma edule (Linnaeus 1758)	4	1	0	0
	Cerastoderma glaucum (Linnaeus 1758)	0	1	0	0
	Leavicardium oblungum (Gmelin 1791)	2	2	1	0
Chamidae	*Chama gryphoides* (Linnaeus 1758)	0	0	0	1
Donacidae	*Donax trunculus* (Linnaeus 1758) (Haricot de la mer)	6	6	3	5
	Donax spp	0	0	0	2
Glycymerididae	*Glycymeris violacescens* (Lamarck 1819)	0	0	3	0
	Glycymeris glycymeris (Linnaeus 1758) (Amande de mer)	5	4	6	3
Limidae	*Lima squamosa* (Lamarck 1819)	1	0	0	2
	Lima lima (Linnaeus 1758)	0	1	1	0
Lucinidae	*Lucinella borealis* (Linnaeus 1758)	0	0	0	2
Mactridae	*Spisula subtruncata* (Costa 1778)	1	2	0	5
	Mactra corallina (Linnaeus 1758)	4	4	1	3
	Mactra glauca (Born 1778)	2	2	1	3
	Spisula solida (Linnaeus 1758)	0	0	0	5

Tableau 3 (Suite) Répartition des différentes familles et espèces par secteur (2008-2012)

Bivalves par Famille	Bivalves par espèces	Saidia	Cap de l'eau	Nador	Al Hoceima
Mytilidae	*Modiolus barbatus* (Linnaeus 1758)	0	0	0	2
	Mytilus edulis (Linné 1758) (Moule)	0	1	2	2
	Mytilus galloprovincialis (Lamarck 1819) (Moule)	0	1	4	4
	Lithophaga lithophaga (Linnaeus 1758) (Datte de mer)	0	0	2	0
Ostreidae (Huîtres)	*Crassostra gigas* (Thunberg 1793)	1	2	0	0
	Ostrea edulis (Linnaeus 1758)	3	1	0	0
Pandoridae	*Pandora inaequivalvis* (Linnaeus 1758) (Chapeau de pandore)	1	0	0	2
Pectinidae	*Pecten jacobaeus* (Linnaeus 1758)	2	1	2	0
	Chlamys opercularis (Linnaeus 1758)	2	1	3	0
	Pecten maximus (Linnaeus 1758) (Coquille Saint-Jacques)	0	0	2	1
	Chlamys varia (Linnaeus 1758)	0	0	1	0
Pholadidae	*Pholas dactylus* (Linnaeus 1758)	3	3	0	0
Pinnidae	*Pina nobilis* (Linnaeus 1758)	0	0	2	0
Psammobiidae	*Gari depresa* (Linnaeus 1758)	1	1	1	0
Solecurtidae	*Solecurtus strigilatus* (Linnaeus 1758)	1	2	1	0
Solenidae	*Solen marginatus* (Linnaeus 1758) (Couteau droit)	2	1	2	0
	Ensis ensis (Linnaeus 1758) (Couteau sabre)	0	0	1	2
	Ensis siliqua (Linnaeus 1758) (Couteau silique)	3	1	3	2
Spondylidae	*Spondylus gaederopus* (Linnaeus 1758)	0	0	3	0
Tellinidae	*Tellina incarnata* (Linnaeus 1758)	2	1	0	2
	Tellina pulchella (Linnaeus 1758)	0	2	0	2
	Tellina plana (Linnaeus 1758)	4	3	2	0
Veneridae	*Callista chione* (Linnaeus 1758) (Vernis)	1	0	1	2
	Chamelea gallina (Linnaeus 1758) (La petite praire)	6	6	3	5
	Dosinia lupinus (Linnaeus 1758)	0	0	0	3
	Ruditapes decussatus (Linnaeus 1758)	1	1	2	0
	Venus verrucosa (Linnaeus 1758)	0	0	2	3

10. Discussions

Parmi les familles récoltées dans l'échantillonnage, on a constaté une richesse variable d'un secteur à l'autre avec la présence de certaines espèces dans un secteur et leur absence dans l'autre, ainsi que la région étudiée présente une richesse abondante de certaines familles qui revêtent une importance économique et biologique tel que : Donacidae, Cardiidae, Glycymerididae, Veneridae, Mactridae, Mytilidae et Tellinidae.

Sur le long de la zone d'échantillonnage, on a remarqué la discontinuité de répartition d'habitat d'une totale famille d'un secteur à l'autre comme Pholadidae et Ostreidae. Alors que d'autres familles qui sont spécifique à un secteur comme Spondylidae à Nador où Glycymeridae est dominante et qui influence sur d'autres familles tel que : Donacidae, Veneridae et Mactridae. Ce secteur est caractérisé par la présence d'espèce rare comme la datte de mer *Lithophaga lithophaga* et la grande nacre de la lagune de Nador *Pina nobilis*. Cette dernière espèce est l'un des plus grands coquillages existants dans le monde, sa taille peut dépasser 1 mètre dans la lagune de Nador, elle vit dans les fonds sablo-vaseux et dans les herbiers de Posidonie, enfouie à moitié dans le sédiment et accrochée à des pierres par son byssus. Aujourd'hui, ce coquillage est devenu rare et fragile. Les populations de nacre souffrent du recul des herbiers, de la pêche, du mouillage des bateaux et de la récolte abusive par des plongeurs avides de souvenirs. Cette espèce menacée et fragilisée par le recul des herbiers de posidonies, ne fait actuellement l'objet d'aucune mesure de protection.

On remarque aussi que la famille Tellinidae disparaît en partant de Saidia vers Al Hoceima ce qui peut être lié à la réduction de la côte sableuse et qui devient plus rocheuse vers Al Hoceima.

L'étude de la croissance chez *Donax trunculus* dans la côte méditerranéenne marocaine, entre Saidia et Cap de l'eau, a montré que dans cette zone les populations ont une longueur maximale inférieure à 35 mm et une longévité de 2 à 3 ans, ce qui est faible par rapport aux populations de la même espèce en atlantique marocaine qui a une longévité de 4 à 5 ans et d'une longueur maximale d'environ 36 mm **(BAYED 1990).**, *Donax trunculus* se rencontre sur les plages de sable fin et disparaît en présence du sédiment grossier ou barrière rocheuse **(BAYED 1991)**, et présente une large distribution avec une répartition uniforme dans les plages ouvertes directement à la méditerranée.

Au niveau de l'embouchure de Moulouya, on remarque une inhibition de croissance des espèces de Bivalves sur un rayon de 100 mètres dans les deux rives droite et gauche de l'estuaire. On attribue ce fait d'une part au fort courant d'eau de oued Moulouya à l'aval associé à une évacuation en mer par les rejets des polluants, et d'autre part à la variation de température et de salinité de l'eau dans cette zone et à la texture du sable marin qui devient plus vaseux à l'estuaire. L'évacuation en mer des polluants de la Société Aquacole de la Moulouya (S.A.M) entre les années 1994-1997 pourrait être responsable de disparition des gisements de praires (ZINE 2003, BENHOUSSA 2003)

D'autres espèces sont fortement exploitées ce qui représente une véritable menace à leur gisement, il s'agit de *Ensis siliqua, Chamelea gallina* et *Donax trunculus.* Certaines espèces d'intérêt socioéconomique dans la même zone d'étude, ont fait l'objet d'une étude particulière sur *Donax trunculus* en méditerranée, et a montré sa présence sur les plages de sable fin et qui disparaît dans un sédiment grossier ou d'une barrière rocheuse. Suite à un fort accroissement estival, on assiste à un fort ralentissement de la croissance durant la période hivernale qui se traduit par le dépôt de stries sur la coquille, il a été montré que les populations de *Donax trunculus* dans différentes régions du littoral marocain, de son aire de distribution ont un cycle de reproduction comprenant une phase d'activité et une phase de repos de durée comparables La différence réside seulement dans la date du déclenchement de l'activité gonadique (BAYED, 1990). En effet, la variabilité des conditions hydroclimatiques jouent un rôle très important dans la différenciation des paramètres de croissance entre les populations chez *Donax trunculus,* or en atlantique marocain, l'indice d'upwelling est très élevé, et se traduit par la remontée des eaux froides en surface durant l'été et diminuent à partir de l'automne et qui influence sur l'arrêt de la croissance pendant la période estivale (BAYED 1990), ce qui n'est pas le cas en Méditerranée. La réduction des apports nutritifs durant la période estival et la mobilisation des réserves en faveur de la phase finale de la reproduction conduiraient à un ralentissement de la croissance pendant cette période hivernale se traduisant par des stries, ces stries marquées sur les coquilles des mollusques. En comparant les populations atlantiques de *Donax trunculus* avec leurs homologues méditerranéennes, il en ressort que ces dernières peuvent montrer des stries d'arrêt de croissance avec une longévité de 2 à 3 ans, avec une longueur maximale observée est de 40 mm sur la cote espagnole de Valence, et 36 mm sur les cotes françaises e algériennes (BAYED 1991).

Une recherche menée sur la population de *Chamelea gallina* (Linné, 1758) qui est une espèce de répartition et de mode de vie très avoisinante à *Donax trunculus*, dans le littoral méditerranéen marocain Nord-Est, avait montré que la croissance de cette espèce est fortement ralentie pendant la saison froide, elle est maximale au printemps et en automne. Ainsi de fortes variations entre les années, sont observées, elles sont liées à la variabilité des conditions climatiques. La croissance est également très variable en fonction, de la saison, du site, de la densité et de la nourriture disponible (IDHALLA, 2007).

Une étude avait montré que les fluctuations du poids sec total d'un individu "standard" de 40 mm chez la population de *Mytilus galloprovincialis* peuvent être dues à plusieurs facteurs comme la croissance de la chair et de la coquille, la formation et l'émission des gamètes, l'utilisation des réserves pendant certaines périodes du cycle biologique ou la disponibilité de la nourriture dans le milieu. Ainsi, la variation des conditions du milieu a une influence sur la stratégie démographique qui engendre chaque population de Bivalves (**NACIRI 1998**).

Dans l'étude menée sur les petites praires *Chamelea gallina* de Cap de l'eau – Saïdia, a montré que la vitesse de croissance de la longueur est relativement identique à celle de la largeur et que ces deux paramètres croient plus vite que l'épaisseur, et la relation liant la taille au poids frais présente une légère allométrie négative (**IDHALLA 2007**).

En terme de répartition spatiale, *Donax trunculus* se trouve entre 0,5 à 3 m de profondeur le long de la côte du port de Cap de l'eau à la frontière algérienne. Entre 3 et 6 m de profondeur, c'est plutôt *Mactra corallina* et *Callista chione* qui y cohabitent et plus particulièrement entre l'embouchure de l'oued Moulouya et Saïdia. Plus au large et à partir de 8 m de profondeur, apparaissent *Glycymeris glycymeris pilosa* et *Acanthocardia tuberculata*. Concernant *Chamelea gallina*, sa répartition spatiale est plus vaste (entre 3 et 12 m de profondeur) et cohabite ainsi avec les autres espèces. Toutefois, elle présente de très fortes concentrations entre l'isobathe 6 et 10 m où elle domine largement sur les autres espèces (**SHAFEE 1999; IDHALLA 2007**).

L'espèce *Donax trunculus* est un indicateur potentiel biologique de la variation de taille des grains de sédiments des plages. Cette espèce, qui est préférentiellement distribués sur les sédiments à des profondeurs entre 0 et environ 2 m (**LAVALLE 2011**) est considéré comme un organisme substrat sensible à raison de sa sensibilité aux variations de taille des grains de sédiments au cours de son cycle de vie, en particulier au cours de ses premiers stades de croissance.

A cet effet, une étude spécifique de l'environnement a été réalisée par I.S.P.R.A (Institut national italien pour Protection de l'environnement et de la recherche) sur des échantillons de *Donax trunculus* et les sédiments superficiels ont été recueillies dans la zone infralittorale à 3 profondeurs différentes (0, 0,5, et 1 m) entre Juin 2002 et Mars 2004, les résultats ont montrés que la répartition des populations Donax trunculus est fortement influencée par la variation de taille des grains dans le sédiment. Cette étude suggère que la granulométrie des sédiments est le principal facteur contrôlant la distribution de la population de *Donax trunculus*. En règle générale, la densité des espèces a diminué dans les zones soumises à des variations granulométriques ce qui suggère une réponse prévisible biologique à deux facteurs de stress naturels et anthropiques. L'étude de l'I.S.P.R.A a également souligné que, lorsque la nourriture a été réalisée en utilisant des sédiments appropriés, les espèces réapparaissent sur la plage au bout de quelques mois, car il trouve un substrat optimal pour le règlement. (**LAVALLE 2011**)

Donax trunculus représente un gradient de taille et âge de la profondeur; les individus petites (juvéniles) sont généralement situés dans des profondeurs plus faibles, tandis que le plus grands individus (adultes) se produisent à des profondeurs plus importantes, tout le chemin vers le bas à la limite bathymétrique de l'espèce.

La lagune de Nador correspond à un biotope occupant une marge côtière entre les zones littorales sténohalines et les zones continentales, cette double dépendance explique l'originalité de cet environnement ce qui entraîne sa colonisation par des organismes assez caractéristiques. La côte rifaine, entre le Cap de trois fourches et Al Hoceima est marquée par une succession de baies sablonneuses, et barrières rocheuses, la méditerranée pénètre dans la géomorphologie de la chaîne rifaine et ses côtes apparaissent comme une suite promontoires abrupts et de criques escarpées dans lesquelles débouchent des petits oueds du versant septentrional (LAHBABI et ANOUAR 2005).

La région méditerranéenne du Maroc oriental est très riche et variée en espèces, cette variation est une conséquence de conditions écologiques et environnementales (nature des habitats sableux, intensités d'exploitation, position géographique ...). La variabilité saisonnière de la circulation en mer Méditerranée est principalement régie par le forçage atmosphérique (tension du vent et pression atmosphérique), le flux de chaleur et les échanges de masse d'eau transitant par le détroit de Gibraltar. Le littoral du Nord-Est marocain, présente des environnements assez complexes et variés, il comporte différentes formes physiologiques, des embouchures fluviales, delta, plaines côtières, côtes rocheuses et complexe lagunaire, en effet, l'aspect et la forme des littoraux, la nature de leur dépôt, leurs évolutions géodynamiques, eustatiques et climatiques sont assez variables (IRZI 2002). Les différents habitats ont fait l'objet d'un diagnostique des menaces pour la faune malacologique et de l'impact de la pression de pêche artisanale sur certains Bivalves d'intérêt économique.

La baie de Saïdia a fait l'objet de nombreux aménagements tel que le port de Cap de l'eau, la station balnéaire et le port de plaisance à Saïdia, un complexe touristique, une urbanisation intense à la ville, et une surexploitation des ressources naturelles. En outre, les ouvrages, très coûteux génèrent un grave déséquilibre : Engraissement à certains endroits et érosion dans d'autres. Par ailleurs, ces aménagements nécessitent souvent des dragages qui sont une source de pollution considérable. La remobilisation des sédiments des ports qui sont des réservoirs potentiels de produits toxiques peut affecter les écosystèmes et entraîner une contamination des sites de rejets et de stockage des produits de dragage (IRZI 2002). Le fond de la zone entre Saïdia et Cap de l'eau, est sablonneux vaseux, d'où des stocks importants de Bivalves mais qui sont exploités en grande quantité.

En effet, la région méditerranéenne s'individualise par de nombreuses originalités physiques et écologiques qui confèrent à sa biodiversité une valeur patrimoniale mondiale. Par ailleurs, ses richesses biologiques et sa situation ont en fait une zone d'occupation humaine intense et très ancienne; les nombreuses civilisations qui se sont succédées dans cette région lui confèrent une richesse culturelle sans équivalent à l'échelle du globe (**DAKKI 2004**).

Une coopération renforcée à l'échelle internationale et régionale est nécessaire pour l'exploitation rationnelle des Bivalves, et une attention toute particulière devrait être portée sur la conservation de la biodiversité marine, de la colonne d'eau et des fonds marins au-delà des juridictions nationales ainsi que la biodiversité des fonds marins profonds (**STRA-CO 2004**).

Le Ministère de l'Agriculture et de la Pêche Maritime a lancé en 2009 le Plan Halieutis à l'horizon 2020 qui vise à assurer la durabilité de la ressource et à améliorer la performance et la compétitivité du secteur (**M.E.M.E.E 2009**).

L'étude de nombreux peuplements et biocoenose met en évidence une forte corrélation positive entre productivité et richesse spécifique (**RAMADE 2003**). La production est parfois dépendante de certains facteurs naturels mais aussi de la pêche, si les prélèvements effectués dépassent la production (la reproduction et la croissance des jeunes individus), le stock diminue d'autant et par là, la production de l'année suivante diminue également, cette surexploitation est généralement désignée par le terme d'overfishing, et puisque les ressources naturelles en matière vivante marine ne sont pas illimitées, il est logique d'essayer de les accroître par l'aquaculture, la culture des mollusques bivalves s'est fortement améliorée (**ALBIN 1992**).

Dès **1756**, le célèbre naturaliste **BUFFON** écrivait dans un de ses ouvrages que toutes les populations végétales et animales, présentaient des fluctuations dues à l'existence de facteurs du milieu qui exerçaient une action négative : Maladies, surpeuplement et manque de nourriture, des anoxies associées à des blooms phytoplanctoniques, prédation. Il arrivait à la conclusion que les populations fluctuent entre une limite inférieure et supérieure par suite des variations des taux de mortalité et de natalité (**RAMADE 2003**).

Les larves et les juvéniles des bivalves ont des exigences physiologiques pour leur développement comme la température de l'eau, la salinité et le taux de l'oxygène dissous, ainsi la population d'origine locale est bien adaptée pour tolérer certaines variations de ces conditions, mais parfois de fortes concentrations phytoplanctoniques marines et bactériennes peuvent libérer des substances toxiques provoquant des altérations du taux de survie et de croissance, voire des mortalités, à ceci s'ajoutent les effluents néfastes qui sont source de pollution telles que le drainage des pesticides venant de l'agriculture, les rejets domestiques et industriels (**HELM 2006**).

En période hivernale, l'estran est essentiellement fréquenté par les autochtones, ces pêcheurs avertis qui pratiquent cette activité depuis longtemps, sont donc des pêcheurs confirmés, capables de réaliser aussi de bonnes captures. Par contre, en été, ce sont plutôt des pêcheurs occasionnels qui s'ajoutent, voire novices, car ce sont des pêcheurs moins au fait, ils ne connaissent pas forcément la réglementation en vigueur, avec des connaissances trop rudimentaires sur les principes de base en biologie (taille minimale de capture pour que l'individu ait le temps de se reproduire), ces pêcheurs n'ont pas un bon comportement vis à vis de la préservation de la ressource. Ils peuvent pratiquer la pêche à pied, car elle est libre d'accès, gratuite et ne nécessite qu'un simple équipement. Les personnes interrogées réclament cependant plus d'informations concernant la réglementation. Pour avoir parfois expliqué qu'ils avaient pêché des sous tailles, ils sont allés sans problème les réintroduire dans le milieu.

Quelques suggestions peuvent être formulées (LASPOUGEAS 2007):

- Mettre en place des moyens d'informations adaptés (panneaux d'informations), dépliants avec la réglementation en vigueur, gabarits avec les tailles réglementaires
- Mise en place de sorties pêche à pied responsable.
- Mise en place de formation (journée d'information) auprès des personnes renseignant les pêcheurs à pied.

La pêche artisanale aux Mollusques Bivalves bénéficie d'un intérêt particulier par les populations locales qui y sont impliquées, toutefois, et malgré sa grande diversité, cette pêcherie est peu connue et ses statistiques ignorées, du fait que la production débarquée échappe au contrôle étatique (BELBACHIR 2003).

Elle peut être attribuée aux exigences écologiques de chacune de ces espèces, notamment la température de l'eau, la pression, la nature du sédiment. La variation de chacune de ces composantes, est généralement accompagnée par des changements dans la communauté benthique (MORELLO et al, 2005). La compétition interspécifique, liée à l'occupation d'habitats et à la nourriture peut être également un des facteurs de cette répartition.

Quelques espèces rencontrées dans la côte méditerranéenne du Maroc Nord-Est:

Acanthocardia tuberculata (Linné, 1758).

Mactra corallina (Linnaeus 1758)

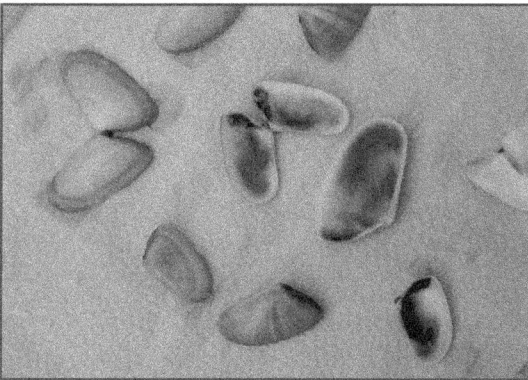

Donax trunculus (Linnaeus 1758)

Chamelea gallina (Linnaeus 1758)

Pholas dactylus (Linnaeus 1758)

Anomia ephippium (Linnaeus 1758)

Glycymeris glycymeris (Linnaeus 1758)

Mytilus galloprovincialis (Lamarck 1819)

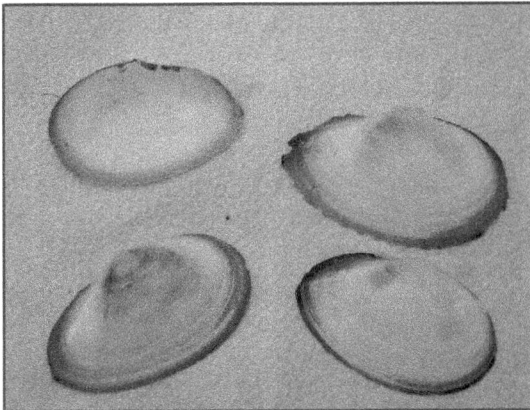

Tellina plana (Linnaeus 1758)

Crassostra gigas (Thunberg 1793)

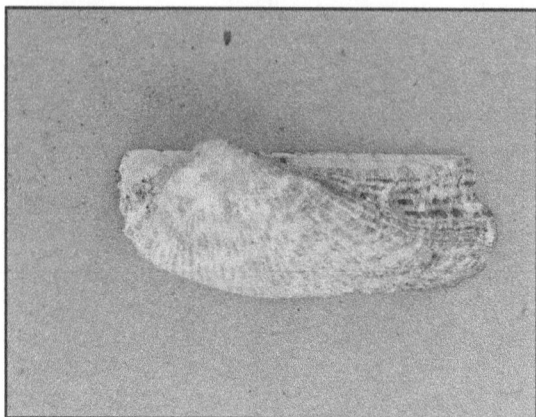

Arca noae (Linnaeus 1758)

Pecten jacobaeus (Linnaeus 1758)

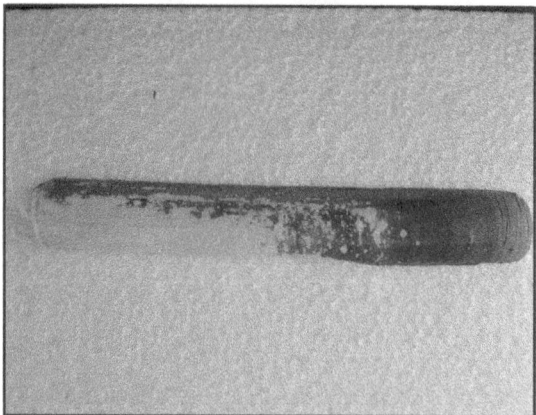

Solen marginatus (Linnaeus 1758)

Arca barbata (Linné 1758)

Spisula subtruncata (Costa 1778)

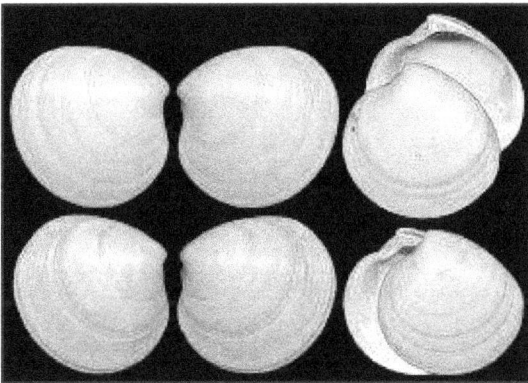

Dosinia lupinus (Linnaeus 1758)

Leavicardium oblungum (Gmelin 1791)

Pina nobilis (Linnaeus 1758)

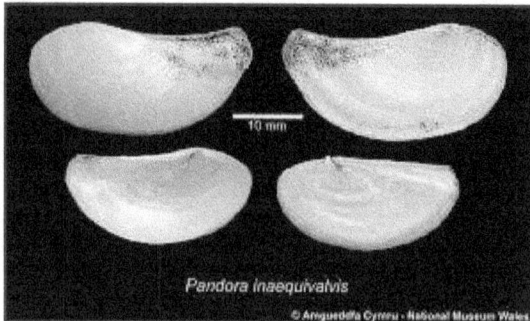

Pandora inaequivalvis (Linnaeus 1758)

Acanthocaria echinata (Linnaeus 1758)

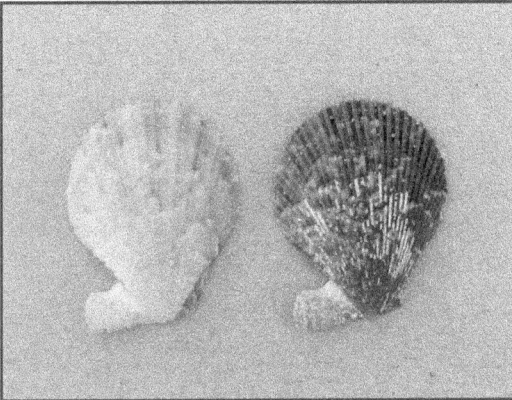

Chlamys opercularis (Linnaeus 1758)

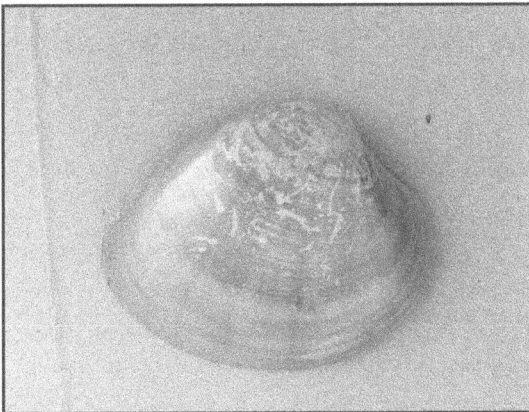

Callista chione (Linnaeus 1758)

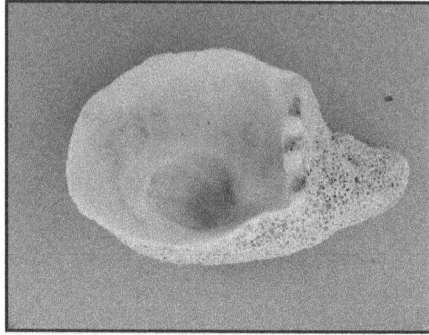

Spondylus gaederopus (Linnaeus 1758)

CONCLUSION

Certaines espèces représentent une richesse en biodiversité malacologique et occupe une place importante économiquement et biologiquement mais sont fortement exploitées ce qui représente une véritable menace à leur gisement.

La mise en œuvre de la Stratégie Nationale pour la Biodiversité vise la surveillance de la résilience des espèces et la protection des espèces menacées. Les menaces qui pèsent sur la biodiversité ont été identifiées :

➢ Menace de disparition des espèces, et variétés.

➢ Dégradation et perte de l'équilibre écologique de l'écosystème marin.

➢ Surexploitation des ressources naturelles par manque d'organisation et de sensibilisation des pêcheurs.

➢ Manque de valorisation pour les espèces endémiques.

➢ Perturbation des habitats malacologiques par les récents aménagements touristiques du littoral.

➢ Arsenal juridique vétuste et inadapté pour la protection des espèces et des écosystèmes, ce qui complique la protection de ce patrimoine de la faune marine.

A côté des ces statuts et des études pour la conservation in situ, le Maroc essaye d'améliorer son arsenal juridique en matière de conservation des ressources naturelles, de façon à le rendre apte à honorer les engagements du pays vis à vis des nombreuses conventions internationales qu'il a signées.

La mise en place d'une gestion intégrée des zones côtières est une nécessité pour faire face aux menaces qui pèsent sur les ressources côtières, à travers une gestion plus efficace à établir le meilleur usage des niveaux de développement et d'activité durable dans la frange côtière ainsi permettant une protection de l'environnement et une conservation de sa richesse en matière vivante.

REFERENCES BIBLIOGRAPHIQUES

ALBIN Michel 1992; Dictionnaire de l'écologie; Encyclopaedia Universalis, p894

ALZIEU Claude 1991, 1300 Milliards de km3 d'eau et 6 Milliards d'humains, Science et vie "hors série : la vie des oceans" N° 176, p72

A.P.E.W.T 2010: Association de Protection de l'Environnement de la Wilaya de Tétouan, dossier documentaire: Agissons ensemble pour la protection et le développement durable de notre alboran, tableau des conventions d'après le Secrétariat d'Etat du Ministère de l'Energie, des Mines, de l'Eau et de l'Environnement, p105

ARMAND. Colin 2010; Biodiversité: En jeux Nord-Sud; Revue Tiers Monde, N° 202, pp 75-90

BALLARINI Roberto et HEUER Arthur 2008; Des secrets dans la coquille, Pour la Science, n° 372, p86

BANQUE MONDIALE, FAO 2008; The Sunken Billions; The Economic Justification for Fisheries Reform. Agriculture and Rural Development, Washington D.C, p86

BAYED. A 1990; Reproduction de Donax trunculus sur la cote atlantique marocaine; Cah. Biol. Mar. 31 : 159-169.

BAYED. A 1991; Variabilité de la croissance de *Donax trunculus* sur le littoral marocain, Institut Scientifique, Rabat, CIHEAM, pp11-22

BELBACHIR 2003; Etude du transfert des polluants métalliques et bactériens de Oued Moulouya vers la mer méditerranéenne, Faculté des Sciences Oujda, p144.

BELGUENANI. H, DAKKI. M, EL HOUADI. B. 2006 ; Alternative pour un développement durable pour la région du Nord-Est Marocain : La mise en valeur touristique des zones humides; Revue HTE N° 133, p. 56

BENHOUSSA. A, DAKKI. M 2003; Embouchure de l'oued Moulouya : Cartographie des habitats et répartition des principaux taxons; Projet MedWetCoast Maroc, p19

BERG; RAVEN; HASSENZAHL 2009; Environnement, de boeck – Nouveaux Horizons-Bruxelles, pp 15-108-565

BERRAHOU, A., CELLOT, B., et RICHOUX P. 2001; Distribution longitudinale des macroinvertébrés benthiques de la Moulouya et de ses principaux affluents (Maroc). Ann. Limnol., 37, 223-235.

CHAMBERS Cathérine 1999, les coquillages, édition l'élan vert, Paris, les matériaux naturels, p10-23

CHANTAL Pasteur Humbert 1962. Les mollusques marins testacés du Maroc; Institut Scientifique Chérifien Rabat , Série Zoologie n° 28

CUMONT. G 1984; La contamination des aliments par le mercure, pp309-320.

DABOUINEAU. L; PONSERO. A 2009; Synthèse sur la biologie des coque Cerastoderma edule, p12

DAJOZ. R 2006; Précis d'écologie, Science sup, DUNOD, pp136-387

DAKKI. M, EL AGBANI. M.A 2009; Guidelines pour la Conduite d'un Diagnostic pour l'Aménagement et la Gestion d'une Zone Humide: Cas du complexe du Bas Loukkos; Rabat, GREPOM, n°1, p81

DAKKI. M 2004; Programme d'Aménagement Côtier en Méditerranée Marocaine 'Etude de faisabilité' Département de l'environnement, Ministère de l'aménagement du territoire, de l'eau et de l'environnement. Maroc, pp. 5-56

EL BOUR. M et al 2008, Dépistage de la maladie de l'anneau brun chez des espèces de Bivalves des cotes tunisiennes, France Bull .Soc. zool, 133(1-3) : 107-115.

EL OUADAA. M 1998; Assurance qualité des mollusques bivalves vivants, IAV Rabat, pp48-50

ESSAKAK. R; HAMMOUTNI. M 2008; Les systèmes d'Information Géographiques (SIG) et l'aménagement du littoral au Maroc: Cas de la gestion intégrée de l'aquaculture; Faculté des lettres et sciences humaines , département de géographie, Oujda

F.A.O 2007; La situation mondiale des pêches et de l'aquaculture; Rome.

FLAMENT 1992; Retombés atmosphériques globales sur quelques zones d'Europe du Nord, Equinoxe n°32.

FRONTIER.S, et PICHOD-VIALE.D 1993; Écosystèmes. Structure, fonctionnement et évolution. 2ème Édition, Masson, Paris.

GRZIMEK. B 1975; Le monde animal, Tome III Mollusques et Echinodermes; Zurich, p146

HADHRI. M 2005; Environnement et développement durable en Méditerranée: Un nouveau vecteur de coopération et de partenariat Nord/Sud; Université La Manouba, Tunis, pp11-39

HELM. M ; BOURNE. N 2006; Ecloserie de bivalves, FAO, doc 471, ONU - Rome.

IDHALLA. M, ABDELLAOUI, B., NAJIH, M., ORBI, A et ZAHRI, Y 2007. Bioécologie et évaluation du stock de la petite praire *Chamelea gallina* dans la région Cap de l'eau – Saidia, I.N.R.H. Maroc, p41

IRZI. Z 2002; Les environnements du littoral méditerranéen du Maroc compris entre l'oued Kiss et le Cap des trois fourches (Dynamique sédimentaire et évolution) et (Ecologie des foraminifères benthique de la lagune de Nador); Faculté des Sciences d'Oujda, Maroc, pp76-227

LAHBABI. A et ANOUAR. K 2005; Mandat de l'expert national chargé d'élaborer le plan d'action national dans le cadre du PAS. MATEE Maroc, p. 8

LAOUINA. A 2006; Le littoral marocain, milieux côtier et marin. Maroc, p. 190

LASPOUGEAS. C 2007. Étude des gisements naturels de Mollusques Bivalves accessibles en pêche à pied, en Basse-Normandie: Aspects biologiques, halieutiques et sanitaires, IFOP - AESN - SMEL - DDASS 50 – Université de CAEN, p123

La Valle. P, Nicoletti.L, Finoia.M.G, Ardizzone.G.D 2011; *Donax trunculus* as a potential biological indicator of grain size variations in beach sediment, Ecological Indicators, Elsevier, p11

LLORIS. Domingo; RUCABADO. Jaume 1998; Guide d'identification des ressources marines vivantes du Maroc. ONU; FAO; Rome , p. 17-19

MAAROUF RAHHAL 2006; Pour un droit protecteur de l'environnement marin et côtier, Inspecteur Régional de l'Aménagement du Territoire de l'Eau et de l'Environnement.

MAHEO Roger et Brigitte 1977; Les Coquillages, Ouest France, Rennes, p11

MAISSIAT. J; BAEHR. J.C; PICAUD. J. L 2001; Biologie animale (Invértébrés), DUNOD, p130

MARQUEZ Louise 2010; Les monnaies coquillages, Pour la Science, n° 387, p74

MARZOU Fadwa 2009; Contribution à l'étude de la situation des pathologies des poissons et des mollusques bivalves au Maroc, I.A.V Hassan II, Rabat, pp19-67

M.A.T.E.E 1999: Ministère d'Aménagement du Territoire de l'Eau et de l'Environnement ; Biodiversité et milieu naturel -rapport sur l'état de l'environnement du Maroc, p162

M.E.M.E.E 2009: Secrétariat d'Etat auprès du Ministère de l'Energie, des Mines, de l'Eau et de l'Environnement, chargé de l'Eau et de l'Environnement Plan national de lutte contre le réchauffement climatique. Maroc, p. 28

MENIOUI Mohamed 2001; Pollution côtière et développement durable. Institution Scientifique, Rabat

MONTAUDOUIN. X 1995; Etude expérimentale de l'impact de facteurs biotiques et abiotiques sur le recrutement, la croissance et la survie des coques *Cerastoderma edule* (Mollusque Bivalve); Université Bordeaux I.

MORELLO. E. B, et AL 2005. Hydraulic dredge discards of the clam (*Chamelea gallina*) Fishery in the Western Adriatic Sea, 2005, Italy. Fisheries Research 76. 430-444.

MOUDNI. H 2000; Contamination par les phycotoxines des mollusques bivalves (Coques, Vernis et Glycimeres) issus du littoral méditerraneen (zone comprise entre Fnidaq et Azila), I.A.V Hassan II Rabat, pp 68-95

NACIRI. M 1998; Dynamique d'une population de moules, *Mytilus galloprovincialis* vivant sur la côte atlantique marocaine; Bulletin de l'Institut Scientifique, Rabat, n°21, pp.43-50.

NOEL WALTER. J-M 2006; Méthode du relevé floristique, Institut de Botanique – Faculté des Sciences de la Vie – Université Louis Pasteur, France, p. 16

P.N.U.E 2006; Méditerranée: Les perspectives du Plan Bleu sur l'environnement et le développement; France, Plan Bleu, p24

POMMEPUY. M; LOISY. F; LE GUYADER. S 2004; Spécificité de la contamination virale, Ifremer, les journées contamination décontamination des mollusques bivalves, Nantes, p13

RAMADE. François 2003; Eléments d'écologie: écologie fondamentale, DUNOD, Paris, pp291-309.

REISE. K 1985; Tidal Flat Ecology: An Experimental Approach to Species Interactions. Springer-Verlag; Berlin.

RHALEM. N, BENKIRANE. R, SOULAYMANI. R 1994; Intoxication paralysante par les moules à propos de l'épidémie survenue au Maroc en Novembre; Centre Anti-Poison et Institut National d'Hygiène de Rabat- Maroc.

RIGONI. M 2003; Erosion du littoral de la mer Méditerranée: les conséquences pour le tourisme; Groupe des Parti Populaire Européen (PPE/DC), Italie, 2003

RODIER. J et al 1984; L'analyse de l'eau (eaux naturelles, eaux résiduaires, eau de mer), DUNOD 7ème adition, Paris, pp751-1309

SAURIAU. P.G 1992; Les mollusques benthiques du basin de Marennes-Oléron : estimation et cartographie des stocks non cultivés, compétition spatiale et trophique, dynamique de population de Cerastoderma edule. Univ. Bretagne Occidentale. Brest, 292p.

SBAI. Larbi 2001; Le droit de l'environnement marin et cotier marocain, presse des belles couleurs, p79-107

SHAFEE. M.S 1999- Pêche des bivalves sur la cote Méditerranéenne Marocaine, catalogue d'espèces exploitées et d'engins utilisés; I.A.V Hassan II, pour la FAO-COPEMED ; Alicante ; Espagne, pp5-37

STRA-CO 2004: Conseil de la stratégie PANEUROPEENNE de la diversité biologique et paysagère, Madrid 3ème conférence intergouvernementale « Biodiversité marine et côtière en Europe », pp4-12

ZINE. N-E 2003; Diagnostic de la faune aquatique à Moulouya; MedWetCoast Maroc, p6

www.ingramcontent.com/pod-product-compliance
Lightning Source LLC
Chambersburg PA
CBHW021609210326
41599CB00010B/678